Antijagdtraining

Wie man Hunde vom Jagen abhält

Ein Arbeitsbuch von

Pia Gröning und Ariane Ullrich

MenschHund!
Verlag

Alle Angaben in diesem Buch erfolgen nach bestem Wissen und Gewissen. Sorgfalt bei der Umsetzung ist indes dennoch geboten. Der Verlag und die Autorinnen übernehmen keinerlei Haftung für Personen-, Sach-, oder Vermögensschäden, die aus der Anwendung der vorgestellten Materialien und Methoden entstehen könnten.

Bibliographische Information der Deutschen Bibliothek:
Die Deutsche Bibliothek verzeichnet diese Publikation in der Deutschen Nationalbibliografie; detaillierte bibliografische Daten sind im Internet über http://www.dnd.ddb.de abrufbar.

An den Wulzen 1
D-15806 Zossen
http://www.mensch-hund-lernen.de

Herstellung, Gestaltung: Ariane Ullrich,
Druck: AZ Druck und Datentechnik GmbH, Kempten
Fotos: Pia Gröning, Ariane Ullrich
Zeichnungen: Heinz Grundel, www.heinz-grundel.de

2. überarbeitete Auflage, Mai 2006

Weitere im Verlag erschienene Bücher:

MenschHund! ...warum ziehst du nur so an der Leine?!
von Ariane Ullrich
ISBN: 3-9810821-0-9

Ramses 60kg Glück und Chaos
von Elke Wolf
ISBN 3-9810821-1-7

Inhaltsverzeichnis

Vorwort

Wenn wir ein Buch über Hundeerziehung zur Hand nehmen, finden wir in den meisten Fällen eine vom Menschen und seinen Wünschen ausgehende Sicht. Das ist verständlich, aber hilft es wirklich weiter? In den letzten Jahren hat sich vieles verändert. Man begreift immer mehr das Wesen des Hundes als das eines Jägers und Beutegreifers, der seine Furcht vor dem Menschen allmählich verloren, sich dessen Lebensraum erobert hat. Der Mensch war nicht der aktiv formende Faktor, wenn er auch zu seinem Vorteil die jagdlichen Fähigkeiten des Hundes sehr früh genutzt hat. Die Zeit der Jäger und Sammler ist längst vorbei, nur der Hund ist uns geblieben. Unter dieser Anerkennung kann man ganz anders an das Vermeiden und Verändern von jagdbasiertem Problemverhalten herangehen.

„Sie müssen wissen, was Ihr Hund tun soll. Es reicht nicht zu wissen, was er nicht tun soll!"

Dies ist der ganz wichtige Kernsatz, um den sich die weiteren Ausführungen dieses Buches ranken. Damit wird klar, dass ein Hund zur Vervollständigung des Familienglücks angeschafft, zu einer harten Last werden kann. Die Werbung verheißt den treuen und verständigen Kumpel, der sich aber in der Realität als Lebewesen mit ganz eigenen, schwer zu beeinflussenden Interessen herausstellt. An diesem Konflikt sind schon viele Hundehalter gescheitert. Akzeptieren Sie Ihren Hund als Hund, dann aber krempeln Sie die Ärmel hoch und machen das Beste daraus. Das ist eine der Maximen dieses Buches.

Und wenn Sie es ernsthaft zur Hand nehmen, sind wahrscheinlich die besten Erziehungsmomente längst vorbei. Aber dieses Buch setzt nicht den Idealfall voraus, es gibt Ihnen Hilfen an die Hand, mit denen Sie versuchen können, Ihr spezielles Problem auch in späteren Lebensphasen des Hundes noch zu lösen.

Die Autorinnen geben hier ihre vielfältigen Erfahrungen mit Jagdhunden und mit jagenden Hunden weiter. Sie beschreiben Möglichkeiten der erfolgreichen Beeinflussung des Jagdverhaltens, deren Vorgehen auf fundierten biologischen Kenntnissen beruht.
Und das Schöne daran ist, dass dieses Buch ausgesprochen verständlich geschrieben ist. Und was mir noch besser gefallen hat, es ist frei von Aus-

einandersetzungen, Vergleichen und Seitenhieben zu anderen Veröffentlichungen, wie es leider immer wieder vorkommt. Das Thema wird konzentriert, umfassend und durchweg sehr sachlich diskutiert. Sie können den Argumenten folgen, und sich dann für Ihr eigenes Vorgehen entscheiden.

Wenn Sie also akzeptieren, dass Jagen ein ausgesprochen soziales Verhalten von Hunden ist, haben Sie den wichtigsten mentalen Schritt getan. Die Fleißarbeit aber bleibt Ihnen nicht erspart. Alles andere wäre Schönrednerei. Wie Sie im Detail vorgehen können, wird Ihnen in diesem Buch vorgeschlagen. Sie wählen aus und bewerten entsprechend den Fortschritten Ihres Hundes.

Und weil Menschen gern Selbsttäuschungen unterliegen, finden Sie auch Fragebögen und Tabellen, damit Sie eine wirksame Kontrolle für sich und Ihre Bemühungen haben. Das sind die kleinen Hilfen, die in der Praxis so wertvoll sein können.

Sollten Sie zu dieser Konsequenz fähig sein, dann brauchen Sie kein weiteres Erziehungsbuch mehr. Sie werden einen wohlerzogenen Hund haben und Sie werden gelernt haben, wie Sie in Problemsituationen - welcher Art auch immer - vorgehen können.

Wenn Ihr Hund dann älter geworden ist, Sie sich zur gegenseitigen Zufriedenheit arrangiert haben, werden Sie wahrscheinlich die vielen Überraschungen und den Ärger, den Ihr Hund Ihnen jagend einmal bereitet haben mag, vergessen haben. Ich hoffe sehr, dass dieses Buch Ihnen bald zu diesem schönen Zustand des „Hunde Genießens“ verhelfen kann.

Prof. Dr. Martin Pietralla

Vorwort zur 2. Auflage

Liebe Leserin, lieber Leser,

Sie halten inzwischen die zweite Auflage dieses Buches in der Hand. Die Resonanz auf das erste Buch war groß. Wir haben sehr viel Lob eingeheimst und wenig Kritik. Aber die Zeit bringt immer Neues an Ideen und Erfahrungen und man kann alte Fehler oder Ungenauigkeiten gegen neue Tipps austauschen. Durch Buchbesprechungen, weitere praktische Arbeit und Wochenendseminare konnten wir die Durchführbarkeit und den Erfolg unseres Trainings weitergeben. Die vielen neuen Ideen und Anregungen, die dabei entstanden sind, haben wir in dieses Buch soweit möglich integriert. Wir haben versucht, die Übersichtlichkeit zu verbessern, neue Schwerpunkte gesetzt und die praktischen Übungsmöglichkeiten verbessert.

Auf Lob und Kritik sind wir auch diesmal sehr gespannt.

Wir wünschen Ihnen und Ihrem Hund ein erfolgreiches Training und viel Spaß dabei.

Wo kämen wir denn hin, wenn jeder sagte: "Wo kämen wir denn hin" und keiner ginge um zu gucken, wohin wir kämen, wenn wir gingen?

(Autor unbekannt)

I Hintergrund

Warum jagen Hunde nur? Jeden Tag bekommen sie ein- bis zweimal am Tag ihren gefüllten Fressnapf vor die Nase gestellt, sie werden Gassi geführt, dürfen mit Nachbars Lumpi spielen und lassen sich abends am Bauch kraulen. Warum nur müssen sie auch noch Hase und Reh hetzen, Fuchsspuren verfolgen und Nachbars Katze auf den Baum jagen? In Zehntausenden von Jahren sollte der Hund doch endlich begriffen haben, dass er sich in der menschlichen Gesellschaft nur den Unwillen des Dosenöffners einhandelt und schlimmstenfalls den Tod zu erwarten hat.

Kann er nicht anders? Macht er es, um sich uns zu widersetzen, oder warum ist das Jagen immer noch eines der verbreitetsten Probleme, die Hundebesitzer haben?

Hunde gehören zur Ordnung der *Carnivora*, die Reißzähne besitzen, um Fleischbrocken abreißen zu können. Die Familie der *Canidae* sind die Hundeartigen, zu denen ebenfalls die Füchse gehören. In die Gattung *Canis* fallen wiederum neben dem Wolf, Schakale und Kojoten. Der Hund ist die Unterart *Canis lupus familiaris* der Art *Canis lupus* (Wolf).

Daraus ist ersichtlich, dass der Hund sich aus dem Wolf entwickelt hat, ein sozial lebendes Tier ist, Reißzähne besitzt und sich vorwiegend von Fleisch ernährt. Er ist ein Beutegreifer, ein Jäger!

Klasse	Mammalia (Säugetiere)
Ordnung	Carnivora (Beutegreifer)
Familie	Canidae (Hundeartige)
Gattung	Canis
Art	Canis lupus (Wolf)
Unterart	Canis lupus familiaris (Hund)

Systematik nach Carl von Linné

Bestandteile der Jagd

Eine Jagdsequenz besteht aus vielen komplexen Verhaltensweisen. Grob lässt sie sich unterteilen in Aufspüren, Nachstellen, Fangen, Töten und Fressen. Jede dieser einzelnen Verhaltensweisen kann ebenfalls noch unterteilt werden und unterscheidet sich von Individuum zu Individuum aufgrund von Lernerfahrungen, Umweltbedingungen und sozialen Hintergründen wie beispielsweise Leben in der Gruppe. Ein Wolf im Norden, der sich innerhalb eines großen Rudels bewegt und von wehrhaften Beutetieren lebt, zeigt die einzelnen Jagdverhaltenweisen in anderer Intensität als ein Einzelgänger im sächsischen Wald, der kaum noch auf größere Beute trifft.

Ausgelöst wird das Jagdverhalten bei beiden jedoch durch so genanntes Appetenzverhalten -ein Verhalten, dass ein Bedürfnis befriedigen soll. Das Tier verspürt Hunger (oder Langeweile) und macht sich gezielt auf die Suche nach Reizen, die das Jagdverhalten auslösen, beispielsweise nach Duftspuren von Beute. Ist die Spur gefunden, werden die weiteren Schritte der Verhaltenskette abgespult, bis das Hungerbedürfnis gestillt ist.

Jagen ist also vor allem eine Kette von Reizen und entsprechenden Reaktionen. Der Hunger/die Langeweile führt zum gezielten Suchen von Spuren. Der Geruch führt dazu, dass das Tier beginnt, nachzustellen. Das Erreichen der Beute führt zum Ergreifen, dies wiederum zum Töten und Befriedigen des körperlichen Hungerbedürfnisses und somit zum Abbruch der Kette.

Aufspüren durch	Suchen von Geruchs- oder Sichtspuren
Nachstellen durch	Umkreisen, Hetzen
Fangen durch	Aufspringen und Verbeißen
Töten durch	Totschütteln, gezielten Biss in den Nacken/Hals, Aufreißen der Bauchdecke
Fressen durch	Abreißen und Herunterschlingen von Fleischbrocken

Komponenten einer Jagd

Die Rolle der Genetik

Carnivoren haben mit dem Verzehr von Lebewesen eine Möglichkeit gefunden, eine effiziente und schnelle Energiequelle aufzutun. Tierisches Eiweiß und vorverarbeitete pflanzliche Nahrung ermöglichen es den Beutegreifern kurzfristig eine große Menge der benötigten Stoffe aufzunehmen und zu speichern, im Gegensatz zu Pflanzenfressern, die in der Regel den ganzen Tag über Nahrung aufnehmen und unter großen Energieverlusten aufschlüsseln müssen.

Im Gegensatz zur Nahrung der Pflanzenfresser war diese Energiequelle jedoch nicht so leicht zu erschließen. Da Fleisch nicht einfach so herumliegt und gefressen werden kann, musste sich ein Verhalten entwickeln, Beutetiere zu jagen und zu töten. Individuen, die erfolgreicher bei der Ausführung dieses Jagdverhaltens waren, konnten mehr Nachkommen zeugen, die deren Gene trugen.

Dies nennt man Sclcktion. Es selektierte sich ein sehr komplexes Verhalten heraus, das es den Tieren ermöglichte, miteinander zu kooperieren oder auch allein zu agieren, um Beute zu machen. Tiere, die dazu nicht oder nur ungenügend in der Lage waren, starben. Bei den so genannten Beutegreifern verankerte sich ihr Jagdverhalten fest in den Genen. Gerade diese Entwicklung von sozialer Kompetenz und Kooperationsbereitschaft macht den heutigen Haushund für uns so wertvoll.

„Jagen" ist jedoch keinesfalls nur auf zwei oder drei Genen gespeichert. Wie wir noch sehen werden, ist „Jagen" als Verhalten sehr komplex und überschneidet sich mit vielen weiteren Verhaltensweisen aus anderen Bereichen. Eine klare Trennung ist kaum möglich. Geht man von der Theorie aus, dass das größte Bestreben eines Individuums ist, sich fortzupflanzen, so kann man jeden weiteren Verhaltenskreis als Mittel zu genau diesem Zweck deuten.

Der Nahrungserwerb ist somit die Grundlage zur Verlängerung des eigenen Lebens, um möglichst viele Nachkommen zu zeugen. Dementsprechend variabel und anpassungsfähig ist dieses Verhalten auch, denn die vorgegebenen Umweltbedingungen ändern sich ständig und schnell.

So jagen Wölfe je nach der in ihrer Umwelt vorhandenen Beute entweder in Gruppen (Elche, Hirsche etc.) oder allein (Mäuse, Kaninchen etc.)

Das Jagen überschneidet sich dementsprechend deutlich mit dem Verhaltenskreis „soziales Leben".

Das wiederum ist für den jagdgeplagten Hundehalter von Vorteil. Da die Gene ja nicht wissen können, welche Umweltbedingungen vorliegen und sich auch so schnell nicht anpassen können, sind auf ihnen nur grundsätzliche Vorbedingungen gespeichert. Die Feinheiten des Verhaltens werden erlernt.

Und genau hier kann das Training ansetzen!

Während wildlebende Wölfe noch das gesamte Jagdverhaltensrepertoire abspulen, tun das viele unserer Haushundrassen nicht mehr.

Ein Wolf begann mit der Jagd, wenn ihn sein Körper (aus Hunger) dazu drängte. Ist er satt, lässt er auch Beutetiere unbehelligt vorbeiziehen. Im Laufe der mehr als 15000 Jahre währenden Domestikation rückte die Jagd für den Hund immer weiter in den Hintergrund. Mit nomadisierenden und später sesshaften Menschen bildete sich für weniger scheue Wölfe eine neue ökologische Nische. Der Abfall von Menschen wurde zur Nahrungsquelle für Tiere, die sich nahe genug heranwagten und für die scheinbar das Risiko vom Menschen vertrieben zu werden, geringer war, als eine erfolglose Jagd.

Es begann die Abspaltung des Haushundes vom Wolf. Durch die Zähmung wilder Wölfe (für die es viele Theorien gibt) entwickelte sich ein Haustier, das den menschlichen Bedürfnissen entsprach. Während die beginnende Sesshaftigkeit und damit eintretender „Luxus" dem Menschen erlaubte, weitere Fresser aus reinem Luxus bei sich zu halten, erkannte er bald deren Nützlichkeit als Abfallverwerter, Lagersäuberer und Ankündiger von Feinden. Auch die wölfischen Möglichkeiten der Jagd hat der Mensch irgendwann zu nutzen gewusst.

Nun, da der Wolf beim Menschen lebte, hatte dieser die Auswahl bestimmter Eigenschaften in der Hand. Tiere, die ihm nützlich waren, also beispielsweise bei der Jagd gute Hilfe leisteten, wurden besser behandelt. Da der Mensch nicht das gesamte Jagdrepertoire brauchte oder wollte - ein Tier sollte das gefangene Wild beispielsweise nicht selbst fressen - ließ er nur die Tiere Nachkommen haben, die bestimmte Sequenzen nicht bzw. verstärkt zeigten. Im Laufe der Zeit setzen sich Individuen durch, die verschiedene, dem Menschen nützliche Eigenschaften besonders gut ausführten. Anfangs mehr oder weniger zufällig, später auch ganz bewusst, begann der Mensch zu züchten.

Im Laufe der Jahrtausende entwickelten sich viele Gründe, Hunde zu halten. Auf diesen baute die Zucht auf, die heute diverse Ansprüche erfüllen muss und die sehr genauen Regeln unterliegt. Das Aussehen änderte sich, bestimmte Verhaltensweisen wurden bevorzugt. Alles, was in irgendeiner Form in den Genen verankert ist, ließ sich durch gezielte Zuchtauswahl beeinflussen und das tut der Mensch bis heute. So entstanden dementsprechend die verschiedenen Gebrauchshunderassen. Neben den Jagdhunden, die je nach menschlichem Gutdünken bestimmte Jagdsequenzen besonders gut ausführen können, gibt es Herdenschutzhunde, Laufhunde, Begleithunde etc., bei denen zwar kein Wert auf Jagdverhalten gelegt, es jedoch auch nicht gezielt weggezüchtet wurde bzw. werden konnte.

In den letzten hundert Jahren wurde der jetzige Hund immer mehr zum Begleiter des Menschen und immer weniger Nutztier. So schnell, wie die Ansprüche und Wünsche des Menschen sich ändern, kommt die Selektion jedoch - weder künstlich noch natürlich – nicht nach. Hunde besitzen also natürlicherweise immer noch die genetische Ausstattung, Beute zu suchen, zu hetzen und auch zu töten.

Jeder Hundehalter sollte sich bewusst sein, dass sein Hund, auch wenn er nicht zu den Jagdhundrassen gehört, systematisch gesehen ein jagender Beutegreifer ist und somit Verhaltensweisen zeigen kann, die seine Art unter anderem ausmacht.

Die umseitige Tabelle gibt Ihnen einen Überblick über die Grobeinteilung von Hunden, die für spezielle Jagdbereiche gezüchtet wurden. Wie Sie jedoch sicherlich selbst wissen, heißt das nicht, dass beispielsweise ein Vorstehhund niemals stöbert, ein Apportierer nicht hetzt oder ein Hütehund nicht jagt!

Im Gegenteil, diese Rassen sind lediglich Spezialisten in ihrem Gebiet, aber gleichzeitig vielseitig einsetzbar. Viele dieser Rassen werden heute kaum mehr als Jagdhelfer gehalten, sondern leben als Familienhunde.

	Aufgabe	**Rassen**
Erdhunde	Erdhunde kriechen in den Bau unter die Erde und treiben die Tiere heraus.	Kurzhaardackel, Langhaardackel, Rauhaardackel, Deutscher Jagdterrier, Foxterrier, Welsh Terrier, Jack Russel Terrier
Jagende Hunde	„Jagende Hunde" verfolgen die Beute lautgebend und treiben Sie dem Jäger vor den Lauf. Sie „brackieren".	Brandlbracke, Steirische Hochgebirgsbracke, Tiroler Bracke, Alpenländische Dachsbracke, Deutsche Bracke, Olper Bracke, Schwyzer Niederlaufhund, Beagle
Stöberer/ Apportierer	Stöberer scheuchen Beutetiere hoch, damit der Jäger sie schießen kann. Apportierer suchen und bringen getötete kleinere Beutetiere	Cocker Spaniel, Springer Spaniel, Deutscher Wachtelhund Labrador Retriever, Golden Retriever, Flatcoated Retriever
Schweißhunde	Schweißhunde folgen dem Geruch des Blutes (Schweißes) angeschossener Tiere und zeigen sie dem Jäger an.	Hannoverscher Schweißhund, Bayrischer Gebirgsschweißhund, Blood Hound
Vorstehhunde	Vorstehhunde weisen mit ihrem Körper die Richtung, in der das Wild zu finden ist.	Pointer, Magyar Viszla (Kurzhaar, Rauhaar), Weimaraner (Kurzhaar, Langhaar), Gordon Setter, Irish Setter, Englisch Setter, Münsterländer (Kleiner und Großer), Deutsch Langhaar, -Drahthaar, -Kurzhaar, Griffon, Pudelpointer, Epagneul Francais, Epagneul Breton

Der Lerneffekt

Hunde sind Lauftiere. Bewegung macht sie aus. In der Regel bewegen sie sich schneller fort als wir Menschen. Bewegung ist ein Bedürfnis, dem wir Menschen Rechnung tragen müssen. Es regt das Gehirn an zu arbeiten, stärkt das Immunsystem und den physiologischen Zustand des Hundes. Hunde, die sich viel bewegen, leben länger, sind gesünder, kräftiger und intelligenter als Hunde, die Plüschtieren Konkurrenz machen. Bewegung ist Arbeit. Und genau wie bei Sportlern schüttet das Gehirn Botenstoffe - so genannte Neurotransmitter - aus, die nach einer Anstrengung positive Gefühle hervorrufen.

Diese Glücksgefühle wiederum bewirken einen Lernmechanismus. Wie auch der Mensch, versucht der Hund, diesen Glückszustand so oft wie möglich herzustellen. Er lernt also, dass Rennen und Hetzen Glück bringt. Ein weglaufender Hase oder ein springendes Reh löst einen Reiz aus und wird damit ebenfalls zur Ankündigung für schöne Gefühle, wenn der Hund bestimmte Verhaltensweisen, wie Hetzen ausführt.

Dass es überhaupt zu einer Verknüpfung kommt, liegt vor allem an der Vielzahl von vorhandenen Auslösereizen, aber auch an mangelnden Beschäftigungsmöglichkeiten für Haushunde. Viele Menschen vergessen, dass Hunde hoch intelligente Wesen sind. Die tägliche Gassirunde um den Block kann ihrer Intelligenz in keiner Weise Genüge tun. Viele Hunde sind unterfordert. Sie suchen sich dementsprechend eine eigene lustvolle Beschäftigung. Jagen ist für Hunde eine tolle Alternative.

Ganz egal, warum der Hund überhaupt begonnen hat zu jagen, spielt dieses Lernen am Erfolg immer eine Rolle. Für das Training heißt das, dass man also immer gegen die Lust am Jagen arbeitet (oder damit). In einigen wenigen Fällen reicht es jedoch trotzdem aus, nur kleine Dinge zu ändern, um das Problem zu lösen. Aus diesem Grund ist eine Analyse der Ursachen, soweit möglich, nie verkehrt.

Ursachenforschung

Es gibt diverse Gründe, warum Hunde nun tatsächlich jagen gehen. In den meisten Fällen überschneiden sich diese und sind nicht mehr voneinander zu trennen. In einigen wenigen Fällen ist das Jagen jedoch auch für den Hund nur ein Ersatzverhalten. In diesen wenigen Fällen können, schlechten Prognosen zum Trotz, auch geringfügige Änderungen reichen, um das Jagen zu verhindern. Als Faustregel gilt aber wie immer: Je länger ein Verhalten schon ausgeführt wird, desto länger dauert es auch, es zu löschen.

Sollten Hunde hauptsächlich aus Mangel an Beschäftigung jagen gehen, erkennt man das daran, dass sie bei entsprechenden Beschäftigungsangeboten des Besitzers kaum derartige Versuche machen. Manchmal reicht es dann aus, darauf zu achten, monotones Laufen, gleiche Wegstrecken, immer dasselbe Spaziergehgebiet und zu kurze Gänge zu vermeiden und dem Hund kurze Beschäftigungseinheiten zu bieten. Natürlich muss diese Beschäftigung eine geeignete Alternative zum Jagen sein. Die meisten unterbeschäftigten, aber gut gehaltenen Hunde ziehen das soziale Spiel mit dem Besitzer einer einzelnen Jagd durchaus vor.

Auch Stressabbau kann ein Grund dafür sein, dass Ihr Hund jagen geht. Hunde, die beispielsweise nur jagen gehen, wenn Sie mit mehreren Hunden spazieren gehen, finden diese Spaziergänge häufig nicht so toll, wie der Besitzer meint. Um diesem Stress zu entkommen, gehen diese Hunde jagen. Andere Hunde laufen in solchen Fällen sehr weit hinten oder vorn. All das sind Anzeichen dafür, dass Ihrem Hund die Situation nicht gefällt und er versucht eine Strategie zu finden, damit fertig zu werden.

Billy, der Boxer reagiert ängstlich auf große, schwarze, selbstbewusste Rüden. Kommt ihm während des Spazierganges ein solcher Rüde entgegen, kann es durchaus passieren, dass Billy plötzlich geschäftig in den Wald stürmt und jagt. Ist der fremde Rüde vorbei, kommt Billy wieder auf den Weg zurück und geht ohne jagdliches Interesse weiter.
Australian Shepherd Bessy neigt bei Gruppenspaziergängen dazu, einen sehr großen Radius um ihre Besitzerin herum einzunehmen. Je mehr Menschen und Hunde an dem Spaziergang teilnehmen, desto größer wird ihr Radius. Noch größer wird er, wenn Menschen an dem Spaziergang teilnehmen, die ihrem Hund ständig laute Kommandos geben.

Dieses Problem lässt sich oft lösen, wenn man sich den Bedürfnissen des Hundes mehr anpasst und den das Jagdverhalten auslösenden Stress vermindert bzw. ganz abstellt.

Viele Hunde gehören einer so genannten Jagdgebrauchshunderasse an. Das bedeutet, dass diese Hunde speziell für die Jagd gezüchtet wurden. Jede dieser Rassen verfügt über spezielle Eigenschaften. Zum Beispiel gibt es die Vorsteher (Setter, Münsterländer, Pointer etc.), die sich durch das Anzeigen von Wild auszeichnen. Dann gibt es die Apportierhunde (Retriever etc.), die nach dem Schuss das tote Wild holen und zum Jäger zurück bringen. Es gibt die Bodenjagd (Terrier etc.), bei der die Hunde z.B. in den Fuchsbau geschickt werden oder in ein Dornengestrüpp, um die dort heimischen Tiere heraus zu treiben.

Aus welchem Grund auch immer landen diese Spezialisten manchmal in ziviler Hand. Fast immer kommt es zu einem unerwünschten Jagdverhalten. Der eigentlich für die Jagd gezüchtete Arbeitshund soll plötzlich als Familienhund leben und keinerlei jagdliche Ambitionen zeigen. Eine völlige Unterdrückung des Jagdverhaltens ist nicht möglich. Ziel des Trainings muss hier die Kontrolle des Hundes sein.

Zu einer weiteren Gruppe von Hunden, die jagen, gehören solche Hunde, die wirklich Nahrung suchen. Dazu zählen Hunde, die als Straßenhunde gelebt haben und jagen gehen mussten, um zu überleben. Das Pendant dazu sind Hunde, die auf Müllkippen lebten oder von barmherzigen Touristen gefüttert wurden und zum Staubsauger geworden sind. Diese Hunde haben eventuell Jahre mit dem Wissen gelebt, dass nicht zu jagen ihren Hungertod bedeuten könnte. Durch oftmals mangelnde Prägung auf den Menschen zeigen sie eine Unabhängigkeit, die sich meist durch Ausbruchversuche aus Haus und Garten, besonders langes Fortbleiben, auffällig wenig Blickkontakt zum Besitzer, großen Bedarf nach Sozialkontakten mit anderen Hunden u.a. äußert. Je nachdem, wie lange die Hunde diese Erfahrung machten, gehören sie sicher zu den Tieren, mit denen man das größte Problem in Bezug auf Jagen haben wird. Jagen ist für sie überlebenswichtig und auch regelmäßige Fütterung wird sie kaum vom Gegenteil überzeugen.

Bei diesen Hunden ist mit Sicherheit zu bestimmten Zeiten und in bestimmten Gebieten immer Leinenzwang nötig.

Neben dem Jagen als Übersprungsverhalten oder aufgrund von Hunger, ist der Grund für das Jagen wohl vorwiegend dem Überfluss an Jagd auslösenden Reizen und dem selbstbelohnenden Effekt der Jagd zuzuschreiben; vor allem bei unseren geistig meist unterbeschäftigten Haushunden.

Ob z.B. das Anpassen der Spaziergänge für Ihren Hund ausreicht, müssen Sie selbst testen. Seien Sie jedoch nicht enttäuscht, wenn es gerade bei Ihnen nicht der Fall ist. Sehen Sie dieses Buch auch als Anregung, wieder vermehrt mit dem Hund zusammen zu arbeiten, und freuen Sie sich über Teilerfolge. Hunde sind keine Maschinen, und was für uns ein Problemverhalten ist, gehört zum Naturell Ihres Tieres.

Vielleicht werden Sie bald wieder mit Ihrem leinenlosen Hund im Wald unterwegs sein können. Vielleicht kommen Sie aber auch nur bis zu einem gewissen Punkt und nicht weiter. Dann denken Sie immer daran, dass das Laufen an der Leine in bestimmten Gebieten manchmal bessere Lebensqualität bietet als ständiger Ärger mit dem Hund und ein dadurch entstehender Bruch im Vertrauen zueinander.

Was tun? – Arbeiten mit den Lerngesetzen

Die Genetik kann man nicht ändern. Sie können also lediglich an der Komponente des Erlernten und Erlernbaren arbeiten

Sinn des Trainings kann es demnach nur sein, den Hund dazu zu bringen, ein anderes Reaktionsverhalten auf Jagd auslösende Reize zu zeigen. Das heißt, die Genetik auszutricksen.

Klingt unmöglich? Nun ja, keiner behauptet, dass es leicht sei. Denn was man versucht ist, ein Reiz-Reaktionsmuster zu unterbrechen und neu zu erstellen. Dies ist die einzige Möglichkeit, einzugreifen in das ansonsten selbständig ablaufende Verhaltensmuster.

Bisher sieht oder riecht der Hund ein Wildtier = Reiz und fängt an zu stöbern oder hetzen = Reaktion. Nun soll er diese Reaktionen jedoch unterlassen. Genau hier liegt ein Trainingsknackpunkt.

Für das AJT reicht es nicht aus, als Ziel zu haben, dass der Hund nicht mehr stöbern soll, wenn er etwas bemerkt. Dies ist schlicht unmöglich, denn auf diesen Reiz wird immer eine Reaktion erfolgen. Das Ziel wird sein, dass die Reaktion eine andere ist. Machen Sie sich für ihr gesamtes Training klar:

Sie müssen wissen, was Ihr Hund tun soll. Es reicht nicht, zu wissen, was er nicht tun soll!

Erst wenn Sie diesen Punkt auch praktisch umsetzen können, werden Sie Erfolg haben.

Um mit dem Training zu beginnen, müssen wir vorher einen kleinen Exkurs zum Thema „Wie lernt mein Hund?“ machen. Dies ist wichtig, um die Voraussetzungen zu schaffen, mit dem Hund richtig zu kommunizieren. Nehmen Sie sich also unbedingt Zeit, dieses Kapitel zu lesen und zu verstehen.

Wie bekommt man einen Hund dazu, das zu tun, was man von ihm erwartet?

Hunde lernen am Erfolg. Erfolg ist alles, was dem Hund gefällt und ihm ein gutes inneres Gefühl beschert. Für das Training ist es daher essentiell, zu wissen, was für den Hund Erfolg ist. Das können Hundekekse genauso sein wie der Duft einer tollen Hündin oder das hormonelle Hoch nach einem 100m Sprint. Alles, was Ihrem Hund einen Erfolg beschert, versucht er zu wiederholen. Hat er es also einmal geschafft, das Brot vom Tisch zu stibitzen, wird er es wieder versuchen. Die Wiederholung beweist gleichzeitig, dass das Brot vom Tisch für Ihren Hund einen Erfolg bedeutet hat. Erfolg bringt ein Lebewesen also dazu, das erfolgbringende Verhalten zu wiederholen.

Im Gegensatz dazu ist Misserfolg alles, was dem Hund ein ungutes Gefühl beschert. Hat ihm das Brot vom Tisch - im obigen Beispiel - nicht geschmeckt, wird er keinen weiteren Versuch unternehmen, es von dort zu stibitzen. Schlechte Gefühle werden nicht nur durch Schläge oder Gebrüll erzeugt, sondern es sind schon ganz subtile Sachen wie das Ignorieren des Hundes oder ein böser Blick, die als Misserfolg bzw. negativ wirken können. Hunde merken an Ihrem Gang und Ihrer Ausdünstung, was sie zu erwarten haben.

Ein Misserfolg lässt ein Verhalten verschwinden oder zumindest seltener werden. Ein Hund, der an der Faust kratzt, um an das Futter darin zu kommen, wird früher oder später aufgeben und weggehen oder sich hinsetzen, wenn er nicht daran kommt. Probieren Sie es aus. Nehmen Sie ein paar Bröckchen in die Faust und halten Sie diese Ihrem Hund unter die Nase. Wenn Sie nichts sagen und die Faust da lassen wo sie ist, wird Ihr Hund irgendwann aufhören, daran zu lecken oder zu kratzen.

Und haben Sie noch etwas anderes bemerkt bei dieser Übung? Genau. Ihr Hund versucht durch anderes Verhalten an das Futter zu gelangen. Vielleicht setzt er sich hin, oder er bellt, oder er geht zur anderen Hand. In den meisten Fällen benutzt der Hund dabei ein Verhalten, das ihm vorher schon einmal Erfolg beschert hat. Welcher Hundebesitzer kennt nicht die schmachtenden Blicke seines halbverhungerten Familienmitglieds, wenn es zum Mittag Hackbraten gibt?

Letztendlich richtet sich das Verhalten eines Hundes vor allem nach seinen Erfolgserlebnissen. Die Misserfolge zeigen ihm nur, dass er einen anderen Weg suchen muss. Dies wiederum schließt den Kreis zum oben genannten wichtigsten Trainingsgrundsatz, zu wissen, was der Hund tun soll, statt zu sagen, was er nicht soll.

Folgende Übersicht zeigt Ihnen, wie Übungen grundsätzlich aufgebaut werden sollten. Die Einzelschritte werden im nachfolgenden Text erklärt.

Vorgehensweise	**Erreichbar durch**
1. Verhalten abrufbar machen	? Freies Formen ? Bestärken spontanen Verhaltens ? Locken in gewünschte Verhaltensweise
2. Signal einführen	? Wort oder Sichtzeichen kurz vor Ausführen des Verhaltens geben
3. Variabel bestärken	? Belohnung in Qualität variieren ? Einzelne Belohnungen weglassen (ausschleichen)
4. Generalisieren	? Üben an verschiedenen Orten unter variierender Ablenkung

Ressourcenkontrolle/Verstärkung

Sie wissen nun also, dass ein belohntes Verhalten wiederholt wird. Hier können Sie als Trainer/in Ihres Hundes eingreifen. Alles steht und fällt damit, wie Sie Ihren Hund motivieren können, mit Ihnen zu arbeiten.

Nehmen Sie sich die Belohnungsskala im Anhang und füllen Sie diese aus. Schreiben Sie in absteigender Reihenfolge auf, was Ihrem Hund aus seiner Sicht (!) am besten gefällt. Testen Sie, wann ihr Hund guter Laune ist. Vergessen Sie neben den üblichen Trockenfutterleckerchen nicht solche Dinge wie Schnüffeln, Spielen mit fremden Hunden, mit Ihnen spielen oder auch gekochte Hühnerherzen, Käse, Pansen, Mäuselöcher, Wassertümpel, das Rennen an sich, Suchspiele und was Ihren Hund sonst noch so begeistert.

Die Belohnung, also die Motivation für Ihren Hund, etwas zu tun, ist das A und O des Trainings. Machen Sie sich viele Gedanken darüber, beobachten Sie Ihren Hund und notieren Sie sich alles, was Ihnen dazu einfällt.

echtes Rehfell

Befüllbare Tube

Nehmen Sie sich gründlich Zeit dafür!

Wenn Sie die Belohnungsskala im Anhang ausgefüllt haben, dann müssen Sie sich nun überlegen, wie Sie diese Dinge nutzen können.

Ressourcenkontrolle ist das Zauberwort dafür. Sie haben als Hundebesitzer die Konsequenzen seines Verhaltens unter Kontrolle. Sie können darüber bestimmen, ob sein Verhalten Erfolg haben wird oder nicht und ob es dadurch verstärkt auftritt oder verschwindet.

Sie haben die Leine, die sie lösen können, sie verfügen über die Haustür, die Sie öffnen können, Sie können den Dosenöffner bedienen und den Ball werfen.

Ihr Hund zerrt wie wild an der Leine, um zu seinem Freund zu gelangen? Warten Sie ab, bis die Leine locker hängt. Dann darf er hinrennen und hat gelernt, dass er erstens mit Zerren keinen Erfolg hat und zweitens lossausen darf, wenn er ruhig bleibt.

Critter

Die Belohnungen sollen Ihren Hund darin bestärken, das von Ihnen erwünschte Verhalten häufiger zu zeigen.

Einige Menschen geben nur sehr widerwillig viele Leckerchen – die die meisten Hunde natürlich gern mögen-, weil sie diese unter anderem als Bestechung ansehen. Mit dieser Denkweise stellt man sich selbst ein Bein, wenn man zwar Leckerchen als Belohnung einsetzt, aber nur widerwillig und spärlich verteilt. Der Hund lernt dadurch sehr langsam oder überhaupt nicht und der Besitzer sieht sich in seiner Meinung bestätigt.

Leckerchen, Spielzeug, Streicheln, nette Worte und andere Belohnungen sind nichts anderes als Verstärker. Mit dem richtigen Timing verstärken Sie das Auftreten einer Verhaltensweise beim Hund, indem Sie ihm deutlich zeigen, mit welchem Verhalten er Erfolg - also Futter, Spielzeug etc. - haben kann. Je häufiger Sie verstärken, desto eher und sicherer wird ein Verhalten wieder gezeigt, denn der Hund versteht schneller, worum es Ihnen geht. Und umso eher können Sie die Rate der Belohnungen herabsetzen und variabel bestärken.

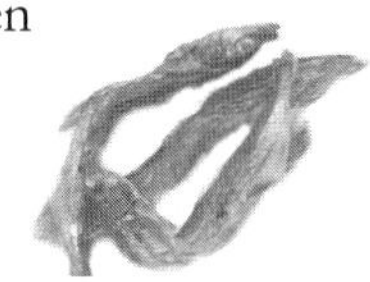
Trockenfisch

Ein weiteres Vorurteil gegen Leckerchen im Hundetraining ist die Meinung, dass der Hund später nur gehorcht, wenn der Besitzer Futter dabei hat. Tatsächlich kommt das recht häufig vor, ist aber ganz klar ein Trainingsfehler. Hunde sind schlau und merken natürlich sofort, wenn die Hand in die Tasche zu den Leckerchen geht und sie somit eine größere Chance haben, etwas zu bekommen. Sie können diesen Fehler vermeiden, indem Sie mit einem Brückensignal arbeiten und indem Sie das Futter als Lockmittel nur selten und nur zu Anfang einsetzen. Ein Leckerchen gibt es immer erst, *nachdem* der Hund ein Verhalten ausgeführt hat und nur anfangs, *damit* er etwas tut.

Man kann Verstärker in zwei Gruppen einteilen. Die erste Gruppe beinhaltet die so genannten „erwarteten Verstärker/Ressourcen“. Dies ist alles, was Ihr Hund im Moment seines Verhaltens haben bzw. tun möchte.

Beispiele dafür sind das Hetzen hinter Wild, das Schnüffeln am Wegesrand oder das Vorwärtskommen an der Leine.

Diese Verstärker haben eine enorme Kraft, wenn Sie es schaffen, sie für Ihre Ziele einzusetzen. Der Hund lernt, dass er an sein Ziel kommt, wenn er mit Ihnen zusammenarbeitet. Er kann beispielsweise lernen, erst Blickkontakt zu Ihnen aufzunehmen, bevor er am Wegesrand schnüffeln darf. Oder er achtet darauf, dass die Leine locker ist, wenn er vorwärts kommen will.

Die zweite Gruppe sind die so genannten „konkurrierenden Verstärker/Ressourcen“. Diese Verstärker konkurrieren mit dem, was Ihr Hund gerade möchte. Dies sind beispielsweise Käsebröckchen, die Sie Ihrem Hund geben, damit er Sie anschaut, statt zum anderen Hund hinzurennen. Diese Verstärker setzt man ein, wenn man das, was der Hund in diesem Moment gerne hätte - also den „erwarteten Verstärker“ -, nicht nutzen kann, darf oder möchte.

Schon an den Beispielen merken Sie, dass Sie hier sehr viel kreativer sein müssen, damit Ihr „konkurrierender Verstärker“ tatsächlich stärker ist - und das erwünschte Verhalten verstärkt -, als der vom Hund erwartete Verstärker.

Leider gibt es hier keine pauschalen Regeln, was man wo nutzen muss, die auf alle Hunde zutreffen, denn genauso wie jeder Mensch, haben auch Hunde unterschiedliche Vorlieben.

Die einzige Hilfe, die dieses Buch Ihnen dafür mitgeben kann ist:

Gegen Bewegung hilft Bewegung am besten. Setzen Sie also Bewegung als Verstärker ein, wenn Ihr Hund wegrennen möchte. Bewegung selbst kann wieder sehr differenziert sein. Sie können mit dem Hund spielen, mit ihm rennen, ihm etwas werfen usw.

Einen Hund kann man nicht am Jagen = viel Bewegung hindern, indem man ihm ein Stück Trockenfutter in die Schnauze stopft. Wenn Sie jedoch mit ihm zusammen nach Hühnerherzen stöbern, Käse hetzen und Pansen finden, dann haben Sie eine reelle Chance, dass er bei Ihnen bleibt.

Ressourcenkontrolle

=

Du bekommst, was du möchtest,
wenn du tust, was ich möchte.

- Erfordert Kontrollierbarkeit der Dinge, die der Hund möchte
- Schafft Zusammenarbeit, Aufmerksamkeit und Vorteile für beide

Das Brückensignal

Wenn Sie das ansatzweise einmal ausprobiert haben, werden Sie merken, dass die Theorie meist leichter klingt als die Durchführung in der Praxis. Im oben genannten Beispiel des angeleinten Hundes, der zum anderen Hund laufen möchte, passiert meist folgendes: Der Hund zerrt und jault an der Leine, Sie warten daneben und bleiben ganz ruhig. Irgendwann hört Ihr Hund kurz auf zu jaulen und setzt sich hin. Sobald er sitzt, wollen Sie ihn dafür belohnen, indem Sie die Leine lösen. Aber in dem Moment, indem Sie sich zu ihm herunterbeugen, fängt er wieder an zu jaulen.

Neben dem Wissen darüber, was Ihr Hund in genau diesem Moment als Verstärkung empfindet, ist das Timing ebenso wichtig. Da Hunde unsere Sprache nicht verstehen, müssen wir ihnen anderweitig klarmachen, wofür sie gerade verstärkt werden. Das geht nur, wenn die Verstärkung zeitgleich oder maximal zwei Sekunden nach dem erwünschten Verhalten gegeben wird. Der Karabiner müsste also in genau dem Moment abspringen, indem Ihr Hund ruhig sitzt. Sie wissen sicher selbst, wie schwer das ist.

Ganz wichtig für das Training ist also ein Brückensignal. Das ist ein Signal, dass die Zeit überbrückt von dem erwünschten Verhalten bis zur Verstärkung für ebendieses Verhalten. Der Hund weiß dadurch, wofür er verstärkt wurde, und wir können uns Zeit lassen mit dem Geben der Verstärkung. Dieses Signal wird dem Hund antrainiert, damit er es klar und sicher versteht.

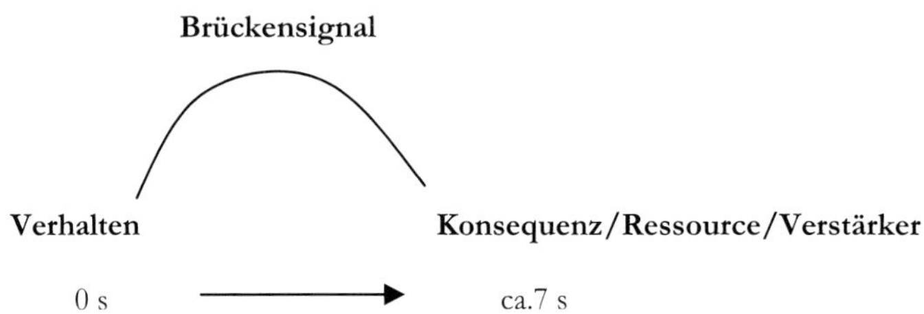

Ein solches Signal kann Ihr gesprochenes „Yep“ sein oder besser ein immer gleich klingendes Geräusch, wie der Klicker.

Einer der vielen Vorteile des Klickers ist, dass der Hund das Geräusch, wenn es antrainiert ist, nicht analysieren muss, wenn er es hört. Er muss nicht untersuchen, ob das „Fein“ jetzt ehrlich erfreut klingt oder eher nach „Eigentlich würde ich dich lieber…!“.

Die einzige Bedeutung des Klicks ist, dass das, was der Hund gerade getan hat, super war und er dafür eine Belohung bekommt. Das führt dazu, dass ein Klick im Hund schon eine positive Stimmung und Vorfreude anfacht, bevor er überhaupt weiß, was er nun bekommt.

Dies ist unter anderem auch der Grund dafür, dass der Klick noch bis zum Hundehirn vordringt, wenn jedes gesprochene Wort nicht mehr wahrgenommen wird. Während des Vorstehens beispielsweise.

Über die weiteren Vorteile des Klickers lesen Sie bitte in den aufgeführten Literaturhinweisen im Anhang. Im Buch werden wir die Übungen mit dem Klicker als Brückensignal aufbauen. Wenn Sie keinen Klicker benutzen, dann ersetzen Sie das „Klick“ im Buch bitte durch Ihr Brückensignal.

Bevor Sie mit dem Training beginnen, suchen Sie sich ein Brückensignal (BS) aus und bringen Sie es Ihrem Hund wie folgt bei:

Nehmen Sie sich am besten Futter, das Ihr Hund gern mag. Gekochte Hühnerherzen, Käse oder Fleischwurst sind besonders beliebt.
Sagen oder geben Sie das BS und bieten Sie **sofort** danach das Futterstück an. Lassen Sie ihn auffressen und wiederholen Sie das Ganze noch einmal.

Das Futter sollte außer Sichtweite des Hundes sein, zum Beispiel hinter Ihrem Rücken. Hervorgeholt wird es erst **nach** dem BS, da Ihr Hund sich sonst nur auf den visuellen Reiz konzentriert.

Wiederholen Sie dies fünf bis zehn Mal und warten Sie dann einen Augenblick ab, in dem Ihr Hund wegschaut.

Geben Sie das BS und sehen Sie, was passiert. Schaut er Sie erwartungsvoll an? Dann hat er das BS verstanden und Sie können damit arbeiten. Falls nicht, machen Sie die Übung noch etwas länger.

Benutzen Sie die nächsten Tage das Brückensignal unbedingt jedes Mal, wenn Ihr Hund eine Belohnung verdient hat. So wird das BS für ihn zu demselben Signal wie für Schulkinder die Klingel zur Pause. Sie haben damit ein wirkungsvolles Brückensignal, dass das gewünschte Verhalten perfekt markiert.

Für die Wirksamkeit des BS ist es wichtig, dass ihm immer eine Bestärkung folgt. Wird diese weggelassen, löscht sich die Verknüpfung. Möchten Sie nur verbal loben, dann lassen Sie auch den Klick weg!

Ein Brückensignal dient der klaren Kommunikation mit dem Hund. Es kündigt die Belohnung für das markierte Verhalten an.

- Zum besseren Verständnis
- Für schnelleres Lernen

Signaleinführung

Nun wissen Sie, wie Sie ein Verhalten verstärken können, damit ihr Hund es öfter zeigt. Jetzt haben Sie die Möglichkeit, das Verhalten auch zu benennen. Bisher haben Sie Ihren Hund bestärkt, wenn er das Verhalten gezeigt hat, aber in Zukunft soll er es auf Ihr Signal hin ausführen.

Signale können sowohl Sichtzeichen als auch gesprochene Worte sein. Sie sollten jeweils sehr eindeutig sein und aus dem allgemeinen Stimmengewirr hervorstechen. Sie müssen deshalb nicht laut gesprochen werden, sondern ruhig und eindeutig klingen. Einzelne Wörter sind verständlicher als ganze Sätze.

Damit der Hund lernen kann, dass Ihr Signal eine Chance für ihn ist, belohnt zu werden, geben Sie das Signal jetzt jedes Mal kurz bevor oder während der Hund das Verhalten zeigt.

Ist er also im Begriff, sich zu setzen, sagen Sie Ihr „Sitz“. Sagen Sie das Signal immer erst dann, wenn Sie Geld darauf verwetten würden, dass er sich wirklich setzt. Der Grund ist einfach. Wenn Sie ein Signal geben, der Hund aber gerade nicht das Gewünschte macht, dann kann er nicht lernen, was Ihr Signal bedeutet. Hört er es ständig in unterschiedlichen Situationen, wird er ihm keine Bedeutung zumessen und es wird zum allgemeinen Hintergrundrauschen für den Hund.

Das ist vergleichbar mit dem Erlernen von Vokabeln einer Fremdsprache. Wenn Sie die Worte „Va aquí!“ hören, dann wissen Sie wahrscheinlich nicht, was sie bedeuten. Hören Sie diese Worte immer dann, wenn Sie auf die Person zugehen, die das sagt, werden Sie eher begreifen, dass es etwas mit dem Herankommen zu tun haben muss. Sie haben dann die Worte mit Ihrem Verhalten verknüpft.

Nach mehreren Wiederholungen versuchen Sie, das Signal zu geben, wenn der Hund gerade nicht dabei ist, das Verhalten auszuführen.

Reagiert er darauf? Dann können Sie dazu übergehen, das Signal zu geben, wenn Sie etwas von ihm möchten.

Generalisieren

Generalisieren bedeutet, dass der Hund das Verhalten möglichst immer und überall ausführen soll. Hunde lernen stark orts- und situationsgebunden. Wenn Sie das Sitz also in der Küche trainiert haben, heißt das noch lange nicht, dass er es im Wohnzimmer versteht. Das gilt vor allem für schwierigere Verhaltensweisen. Bauen Sie die beschriebenen Übungen deshalb an möglichst vielen verschiedenen Orten und in verschiedenen Situationen neu auf. Ihr Hund lernt so, dass es einzig und allein Ihr Signal ist, auf das es ankommt und nicht der Baum neben Ihnen, Ihre Körperhaltung oder andere Hunde.

Gerade bei passionierten Jagdhunden ist es so, dass sie außerhalb der Wohnung auf gar nichts mehr reagieren. Deswegen ist es wichtig, das Generalisieren langsam und systematisch aufzubauen.

Beginnen Sie in Situationen und an Orten, wo Ihr Hund ansprechbar ist und bereit, auf Sie zu achten. Steigern Sie die Ablenkung durch neue Orte möglichst immer nur so wenig, dass die Übungen noch machbar sind. Sollte er nur zu Hause übungsbereit sein, dann beginnen Sie eben dort, auch wenn es mehrere Tage dauert. Üben Sie in der Küche, im Wohnzimmer, im Flur, im Treppenhaus, im Vorgarten usw. „Schleichen" Sie sich langsam an die Ablenkung heran. Wenn Ihr Hund Spaß an der Arbeit mit Ihnen hat, werden Sie schnell merken, dass es auch draußen immer besser funktioniert.

Auch die Umgebung draußen lässt sich in ablenkungsreich und weniger ablenkungsreich einteilen. Gehört Ihr Hund zu denjenigen, die sich durch die weite Sicht der Felder jagdlich inspirieren lassen? Oder ist Ihr Hund im Wald viel aufgeregter als auf einer Wiese? Vielleicht lenken ihn Gewässer am Rand Ihres Weges besonders ab? Jeder Hund besitzt eine individuelle Generalisierungsskala. Das heißt, dass jeder Hund sich von bestimmten Situationen und an bestimmten Orten nur auf seine Weise ablenken lässt.

Die Generalisierungsskala für die Große Münsterländerin Eika sieht folgendermaßen aus:

Im Haus ist Eika am wenigsten abgelenkt. Auch Besucher stören sie kaum. Als nächster Ort zum Üben bieten sich Hundewiesen an, da Eika sich nicht für andere Hunde interessiert und sich in der Regel kein Wild auf Hundewiesen aufhält. Als weiterer Ort zum Üben sind allgemein ruhige Straßen zu bevorzugen. Wiesen bedeuten durch die potenziellen Buddellöcher schon viel mehr Ablenkung. Felder sind die nächste Steigerung. Als Ort noch höherer Ablenkung steht der Garten. Eika ist sehr wachsam, und jeder Eindringling wird mit tiefem Gebell begrüßt. Dementsprechend wenig Aufmerksamkeit schenkt sie ihrer Besitzerin im Garten. Ganz am Ende der Skala stehen große Wälder. Je weniger Menschen und andere Hunde sich darin aufhalten, umso höher scheint die Ablenkung zu sein, vielleicht deswegen, weil sich das Wild in den wenig frequentierten Waldbereich zurückgezogen hat und somit vermehrt Wildspuren auf den Wegen sind.

Wie sieht die Generalisierungsskala für Ihren Hund aus? Im Anhang des Buches befindet sich eine Generalisierungsskala zum Ausfüllen.

Bitte füllen Sie diese jetzt aus! Orientieren Sie sich an den Übungen, die Ihr Hund bereits kennt. Wo führt er die Übungen gut aus, wo schlecht und wo gar nicht mehr? Lässt Ihr Hund sich von anderen Hunden oder Menschen ablenken? Wie stark? Wann wirkt Ihr Hund besonders aufgeregt? Wann und in welchem Abstand ist er nicht mehr ansprechbar? Setzen Sie diese Skala ein, um die Ablenkung für das Training systematisch steigern zu können.

Variable Verstärkung

Ein Verhalten, dass bei wenig Ablenkung in 99 von 100 Fällen per Signal abrufbar ist, muss variabel verstärkt werden. Das bedeutet, dass es nun nicht mehr für jede korrekte Ausführung eine Belohnung gibt.

Der Grund ist einfach: Wenn Sie wissen, dass Sie bei jedem Klingeln des Glückstelefons 100 Euro gewonnen haben, werden Sie irgendwann nur noch rangehen, wenn Sie das Geld tatsächlich benötigen. (Oder Sie sind reich genug, dass Sie es gar nicht mehr nötig haben. Und Sie wissen selbst am besten, wie lange das dauern kann.) Gewinnen Sie jedoch nur ab und zu mal etwas, wenn das Glückstelefon klingelt, zum Beispiel immer erst dann, wenn Sie gerade völlig pleite sind, werden Sie ständig darauf warten, dass es nun endlich klingelt. Das Klingeln symbolisiert Ihr Signal für den Hund. Er wird sehr zuverlässig reagieren, wenn er nicht voraussagen kann, ob er jetzt Glück hat oder nicht.

Genauso wichtig ist es aber auch, die Bestärkung nie zu lange wegzulassen. Wenn Sie nun nie wieder beim Klingeln des Glückstelefons 100 Euro gewinnen, werden Sie das Klingeln irgendwann gar nicht mehr wahrnehmen. Es hat keine Bedeutung mehr für Sie. Dasselbe gilt für Ihren Hund. Gibt es nun nie wieder eine Belohnung für gezeigtes Verhalten, wird er es irgendwann nicht mehr zeigen. Es lohnt sich nicht mehr für ihn.

Wir Menschen können diese variable Bestärkung fast alle problemlos bei unerwünschten Verhaltensweisen anwenden – natürlich, ohne es zu wollen. Jeder Halter, dessen Hund jahrelang zieht, weil er es eben doch ab und an schafft, vorwärts zu kommen, lebt das Prinzip der variablen Verstärkung.

An diesem Beispiel sehen Sie außerdem, dass variables Bestärken nicht nur bedeutet, weniger Leckerchen zu geben. Es kann ebenso heißen, dass Ihre Belohnungen unterschiedlich ausfallen. Oder auch, dass nur noch besonders schöne Ausführungen belohnt werden, was wiederum dazu führen kann, dass sich die Ausführung insgesamt verbessert.

Die Kunst, die variable Verstärkung für erwünschte Verhaltensweisen anzuwenden, besteht darin, so selten zu bestärken, dass es für den Hund unvorhersehbar ist, und so häufig, dass er sein Verhalten auf Signal beibehält. Ob Sie diese Kunst beherrschen, sehen Sie daran, dass Ihr Hund auf

Ihr Signal immer noch freudig und erwartungsvoll mit dem entsprechenden Verhalten reagiert.

Bestärken Sie so häufig wie nötig und so selten wie möglich!

Zeitdauer verlängern

Das Wissen um das Training mit der Dauer einer Verhaltensausführung benötigen wir dann, wenn der Hund Verhaltensweisen lernen soll, die länger dauern als ein bis zwei Sekunden.

Auf das Signal „Sitz!“ soll der Hund sich hinsetzen. Bei dem Signal „Bleib!“ soll er solange sitzen bleiben, bis ein neues Signal kommt oder das erste Signal aufgelöst wird.

Wenn der Hund das Hinsetzen gelernt hat, weiß er nicht automatisch, dass er nun auch länger sitzen muss. Und er weiß ebenfalls nicht, dass man auch vom Menschen entfernt sitzen können muss.

Um dies zu trainieren spielen wir mit der Zeit. Der Hund sitzt zu anfangs eine Sekunde und bekommt dann seinen Klick und die Belohnung bevor er selbst aufsteht. Manche Hunde sitzen von allein schon etwas länger; andere kann man mit einem ruhigen „Braaav“ dazu bringen, eine weitere Sekunde sitzen zu bleiben.

Nun zögern Sie die Zeit bis zum erlösenden Klick sekundenweise hinaus. Sitzt Ihr Hund anfangs eine Sekunde bevor es klickt, muss er nun zwei Sekunden warten, dann drei, vier, fünf usw.

Zögern Sie die Zeit bis zum Klick soweit hinaus, dass Ihr Hund zehn Sekunden lang sitzen kann. Unterstützen Sie ihn mit verbalem Lob während des Sitzens. Sollte er aufstehen, beginnen Sie die Übung von vorn.

Jetzt beginnen Sie am zweiten Punkt - der Entfernung zum Hund - zu arbeiten. Wenn Sie ein neues Kriterium hinzufügen, wie hier die Entfernung, müssen Sie die Anforderungen des alten Kriteriums - die Dauer -

herunterschrauben. Sie üben also wieder nur mit ein bis zwei Sekunden an der Entfernung.

Lassen Sie Ihren Hund sitzen und stellen einen Fuß nach hinten. Stellen Sie ihn sofort wieder nach vorn und belohnen Sie Ihren Hund. Hat das funktioniert, gehen Sie beim nächsten Versuch einen ganzen Schritt weg vom Hund und sofort wieder hin – Klick und Belohnung.

Erhöhen Sie auf diese Weise die Entfernung Schritt für Schritt, bis Sie zwei Meter vom Hund weg stehen können. Nun können Sie auch wieder die Dauer des Sitzens erhöhen und haben die Basis für ein gelungenes „Sitz-Bleib!“ geschaffen.

Die beschriebene Vorgehensweise gilt für alle Übungen, die ein zeitliches Kriterium enthalten, wie beispielsweise das Platz-Bleib, das Bei-Fuß-Gehen usw.

Die Arbeit mit dem Zeitfenster

Hat der Hund gelernt, was von ihm gewünscht wird und wird sogar schon variabel verstärkt, kann mit Hilfe des Zeitfensters noch an der Qualität der Ausführung gefeilt werden. Gerade wenn die Ablenkung steigt, reagiert der Hund oft langsamer auf ein Signal.

Das bewusste Training der Schnelligkeit einer Ausführung wird anhand eines Zeitfensters trainiert. Es gibt an, wie lange Ihr Hund Zeit hat, eine Übung auszuführen, um noch dafür belohnt zu werden.

Geben Sie ein Signal, wie bspw. das „Sitz!“, während Ihr Hund abgelenkt ist.

Zählen Sie die Sekunden, bis Ihr Hund das Signal ausführt.

Wiederholen Sie das Ganze mindestes fünfmal mit genügend Abstand zwischen den einzelnen Übungen.

Addieren Sie die Sekunden, die Ihr Hund jeweils benötigt hat, bis das Verhalten ausgeführt wurde. Sollte er es gar nicht ausgeführt haben, wiederholen Sie das Ganze bei etwas geringerer Ablenkung.
Teilen Sie diese Sekundenzahl durch die Anzahl der Versuche, hier fünf.

Das Ergebnis ist eine Zahl, die die durchschnittliche Dauer beschreibt, die Ihr Hund benötigt, um auf das Signal zu reagieren.

Rechenbeispiel:

Ihr Hund hat beim ersten Mal fünf Sekunden benötigt, beim zweiten Mal zwei Sekunden, dann drei Sekunden, sechs Sekunden und vier Sekunden. Zusammen ergibt das 20.

5+2+3+6+4 = 20

20 : 5 = 4

Mit dieser Zahl beginnen Sie zu trainieren.

Geben Sie wieder bei gleicher Ablenkung Ihr Signal und beginnen Sie gedanklich bis vier zuzählen.

Setzt sich Ihr Hund innerhalb dieses Zeitfensters, wird er belohnt.
Setzt er sich erst nach den 4 Sekunden wird er nicht mehr belohnt.

Diese systematische Vorgehensweise verhindert, dass sich Ihre Signale abnutzen. Die Zeitfenster werden an die Ablenkung und den Trainingsstand des Hundes angepasst, werden also im Laufe des Trainings verkleinert.

Strafe

Die Strafe bekommt ihr eigenes Kapitel, denn gerade wenn es um das unerwünschte Jagen geht, ist sie ein heiß diskutiertes Thema.

Strafe wird von jedem anders verstanden. Um erfolgreich arbeiten zu können, ist es jedoch wichtig die menschlichen Moralvorstellungen außen vor zu lassen. Hunde haben keine Moral und keine Vorstellung von „böse“, „Gewissen“, „Gerechtigkeit“ oder „Schuld“

Für Hunde gilt nur, was erfolgreich ist und was nicht.

Für alle Zweifler unter den Lesern sei gesagt: Im Zweifel immer für den Angeklagten. Sollten unsere Hunde also doch eine bisher nicht nachgewiesene Moral haben, dann würden wir im schlimmsten Falle einige unschöne Verhaltensweisen durchgehen lassen. Haben sie jedoch keine Moral und Ethik und wir würden sie nach moralischen Maßstäben maßregeln, könnte das im schlimmsten Fall Misstrauen, Unverständnis und Gegenwehr zur Folge haben. Dies gilt beim Hund vor allem für das Bestrafen von Dingen, die längere Zeit zurück liegen.

Hunde zeigen deutliches Beschwichtigungsverhalten, wenn sie merken, dass ihre Besitzer schlechte Laune haben. Sie wissen jedoch nicht, dass sie diese hätten verhindern können.

Dalmatinerdame Senta hat in frühen Jahren den Mülleimer genüsslich durchforstet. Sie hat ein Chaos in der Wohnung hinterlassen, für das sie regelmäßig ausgeschimpft wurde, wenn die Besitzerin nach Hause kam. Sehr schnell kam Senta nur noch dann zur Begrüßung an die Tür, wenn der Mülleimer nicht ausgeleert war.

Ab einem bestimmten Alter legte sich diese Unart von allein. Als jedoch Zuwachs kam in Form eines zweiten Hundes, begann diese ihrerseits den Mülleimer zu inspizieren. Durch Beobachten war klar, dass es tatsächlich niemals Senta war, sondern der Neuzugang.

Kam die Besitzerin von der Arbeit nach Hause, begrüßte der neue Hund die Besitzerin ganz normal. Er wurde nie bestraft. Senta kam jedoch immer nur dann zur Tür, wenn die Wohnung ordentlich war. Hatte die Neue den Mülleimer geleert, blieb Senta beschwichtigend in ihrer Ecke liegen.

Sie hat also nie gelernt, dass ihr Verhalten den Ärger verursacht hat. Höchstwahrscheinlich hat sie verknüpft, dass ein (egal von wem) umgekippter Mülleimer in der Wohnung Ärger bedeutet, wenn Frauchen nach Hause kam.

Eine Strafe im lerntheoretischen Sinne ist alles, was dazu führt, dass der Hund ein Verhalten seltener oder gar nicht mehr ausführt. Im Grunde ist sie nichts anderes als ein Misserfolg, wie schon beschrieben.

Dementsprechend muss eine Strafe - genauso wie beschrieben der Erfolg - punktgenau in dem Moment erfolgen, in dem der Hund das Fehlverhalten zeigt. So kann er es damit in Verbindung bringen und verstehen, welches Verhalten nicht erfolgreich war. Für das Strafen gelten wichtige Regeln, die zutreffen sollten, damit wirklich die gewünschte Verhaltensänderung erzielt werden kann.

> Eine Strafe sollte also immer nur dazu dienen, dem Hund einen Misserfolg zu bescheren, der das Verhalten nicht mehr auftreten lässt. Sie sollte nicht dazu dienen, sich an ihm zu „rächen“, abzureagieren oder menschlichen moralischen Grundsätzen zu folgen.

Die Strafe sollte beim allerersten Versuch erfolgen

Eine Strafe - in welcher Form auch immer - muss, um wirkungsvoll zu sein, beim allerersten Versuch erfolgen. Ist dies nicht der Fall, wird der Hund unterscheiden lernen, warum sein Verhalten einmal erfolgreich war, ein weiteres Mal nicht.

Nehmen Sie als Beispiel einen Hund, der einen Fleischwurstkringel vom Tisch stiehlt. Er hat Erfolg damit und wird es ein andermal wieder versuchen. Zufälligerweise sind Sie gerade dabei und sehen es. Natürlich schimpfen Sie ihn kräftig aus. Aber anstatt nun nie wieder etwas vom Tisch zu stehlen, macht ihr Hund dies nur noch, wenn Sie es nicht sehen. Warum? Er hat gelernt zu unterscheiden. Beim ersten Versuch hatte er Erfolg, beim zweiten Versuch nicht. Wo war der Unterschied? Sie waren dabei. Die logische Konsequenz ist, dass er das Verhalten nur noch zeigt, wenn der Erfolg sicher ist, Sie also nicht dabei sind.

Dieses Unterscheidungslernen ist nur vermeidbar, wenn der Hund gar keine Chance hat zu vergleichen, also gleich beim ersten Versuch nachhaltig daran gehindert werden kann.

Die Strafe muss nachdrücklich sein

Bleiben wir beim obigen Beispiel. Wenn Sie Ihren Hund nun ein wenig ausgeschimpft haben, dann ist die Wahrscheinlichkeit groß, dass die Angst vor Ihrem Ärger geringer ist, als die Hoffnung auf einen leckeren Fleischwurstkringel, der beim nächsten Mal in Schnauzenreichweite liegt. Er wird es also wieder versuchen.

Aus diesem Grund muss eine Strafe so stark sein, dass sie den Hund möglichst für immer davon abhält, das Verhalten wieder zu zeigen. Wie stark die Strafe sein muss, kommt auf den jeweiligen Hund und seine Motivation an, dieses Verhalten auszuführen. Bei dem einen reicht ein herunterfallendes Backblech, das laut scheppert, bei dem anderen Hund helfen selbst Mausefallen und Wassereimer nichts.

Strafe muss jedes Mal erfolgen, wenn der Hund das Fehlverhalten zeigt.

Schafft man es schon nicht beim allerersten Mal zu strafen, muss dann zumindest jeder weitere Versuch sanktioniert werden. Auch das begründet sich wie zuvor. Wenn der Hund einmal Erfolg hat mit seinem Verhalten und einmal nicht, motiviert ihn das nur, das Verhalten weiter zu zeigen. Konnte er den Wurstkringel also einmal klauen und einmal nicht, wird er herausfinden, worin die Situation sich unterschied. Sie haben dann bald einen Hund, der nur noch klaut, wenn Sie nicht dabei sind.

Die Strafe muss in vielen Situationen anonym erfolgen

Das heißt nichts anderes, als das der Hund nicht erkennen soll, dass Sie es sind, der/die ihn bestraft. Der Grund ist zum Einen, dass Ihr Hund nicht Sie als Kriterium für Erfolg oder Misserfolg der Jagd erkennen soll. Zum Zweiten sollte er Sie nicht mit Unangenehmem in Verbindung bringen, um das Vertrauen nicht zu verletzen. Im Gegenteil ist es wichtiger, dass Sie ihn richtig trösten, wenn er gestraft wurde. Er versteht Sie dann als Schutzperson, statt darauf zu warten, dass Sie weg sind, um vom Tisch zu klauen.

In manchen Situationen ist es jedoch auch nicht falsch, wenn der Hund merkt, dass sein Besitzer verärgert ist. Dabei handelt es sich vor allem um Situationen, die Ihre persönliche Unversehrtheit betrifft.

Auf das Timing kommt es an

Der wichtigste Punkt bei der Kommunikation mit dem Hund ist der Zeitpunkt, an dem wir eine Konsequenz folgen lassen. Da Hunde unsere Sprache nicht verstehen, zeigt ihnen die Konsequenz ihres Verhaltens, was erwünscht ist und was nicht. Die Konsequenz sollte also dann erfolgen, wenn der Hund gerade vorhat, ein unerwünschtes Verhalten zu zeigen. Dann ist die Chance am größten, dass er diese Konsequenz wirklich mit seinem Verhalten verknüpft und es unterbricht.

Genau dabei werden die meisten Fehler gemacht. Zu spätes Strafen führt zu keinem Erfolg. Hat der Hund den Fleischwurstkringel also schon längst heruntergeholt und ist dabei, ihn zu fressen, wird eine Strafe ihn zwar davon abhalten, diesen Kringel weiter zu fressen. Er wird aber nicht lernen, dass er ihn nicht hätte vom Tisch stehlen dürfen.

Und selbst wenn das Timing perfekt war, kann der Zufall alles zerstören. Vielleicht verknüpft der Hund die Strafe mit dem Müllautogeräusch, dass gerade zu hören ist, oder die Türklingel geht. Oder eine Fliege summt gerade um ihn herum. Es ist alles schon vorgekommen!

Da hierbei viele Fehler gemacht werden können, sind Nebenwirkungen vorprogrammiert. Negative Verknüpfungen halten gewöhnlich länger und sind schwieriger wieder aufzulösen als Fehler beim Bestärken. Man sollte diese Risiken nicht unterschätzen!

Gerade beim Jagen ist das Timing ein sehr großes Problem. Wie wir gesehen haben, besteht die Jagd aus vielen kleinen Verhaltensweisen. Wo setzt man nun an? Wenn der Hund am Boden schnuppert? Wenn er das Reh sieht? Oder erst, wenn er losrennt? Oder wenn er direkt am Reh dran ist?

Nicht zu dürfen heißt noch nicht, zu wissen, was erlaubt ist

Einem Hund - wahlweise auch einem Menschen - etwas zu verbieten, ist das eine. Leider weiß er damit noch lange nicht, was er stattdessen machen soll. Gerade wenn es um komplexe Verhaltensweisen geht, wie die Reaktion auf Reize, dann reicht ein Verbot nicht aus. Der vorhandene Reiz wird den Hund ständig neu dazu motivieren, sein erlerntes und/oder genetisch fixiertes Verhalten abzuspulen. Die einzige Möglichkeit, dies zu unterbrechen, ist, ihm zu zeigen, welches andere, alternative Verhalten möglich ist.

Sie merken schon, wie schwer und unsicher das Strafen ist. Aus diesem Grund sollten Sie wirklich völlig emotionslos darüber nachdenken, wenn Sie Ihren Hund erziehen. Für einige Verhaltensweisen ist eine - vorher gut durchdachte - Strafanwendung durchaus nötig und sinnvoll.

Gerade beim Jagen sind die Risiken unerwünschter Nebenwirkungen und die Gefahr des Misserfolges durch die Anwendung von Strafe jedoch größer, da das Einhalten der oben beschriebenen Regeln oftmals unmöglich ist.

Und für das Training von Alltagsdingen darf man ebenfalls nicht vergessen, dass der Hund unser Freund und Partner ist und damit dieselbe Behandlung verdient wie ein solcher.

Einmal falsch belohnt ist besser als einmal falsch bestraft.

Stromreizgeräte/Sprayhalsbänder

Beim unerwünschten Jagen sind vor allem Stromreizgeräte als Strafe in ständiger hitziger Diskussion. Am Halsband des Hundes befindet sich ein Kästchen mit Batterien, welches mittels einer Fernbedienung Stromstöße an den Hund weitergibt. Dies soll den Hund von der Jagd abbringen bzw. ihm den Misserfolg seines Verhaltens zeigen.

Sprayhalsbänder sind dank einiger Fernsehsendungen ebenfalls sehr in die Mode gekommen. Aus dem Kästchen, was ebenfalls am Halsband des Hundes befestigt ist, entweicht bei Bedienen des Fernauslösers ein Sprühstoß. Die Halsbänder enthalten Wasser, Citronella oder Luft.

Solche Geräte sind sehr kritisch zu sehen. Sie und diverse Fernsehsendungen gaukeln dem Halter vor, das Problem mittels Knopfdruck in den Griff zu bekommen.

Die Benutzung eines solchen Gerätes ist die Anwendung von additiver Strafe. Es wird etwas für den Hund Unangenehmes hinzugefügt, um das Auftreten eines Verhaltens zu verringern.

Lassen Sie uns einmal untersuchen, inwieweit die Benutzung der Geräte den besprochenen Regeln der Strafe entspricht:

Beim allerersten Versuch

Gewöhnlich tritt störendes Jagdverhalten zum ersten Mal im zweiten Lebenshalbjahr auf. Also dann, wenn der Besitzer gar nicht daran denkt. Plötzlich steht da ein Kaninchen im Weg, und der Hund läuft hinterher. Meistens denkt man über das Thema Jagen leider erst nach, wenn der Hund schon erfolgreich gejagt hat. Idealerweise sollte der Hund spätestens ab sechs Monaten absolut kontrollierbar sein. Das heißt, er müsste das Tragen eines Stromhalsbandes kennen und der Besitzer muss bei jedem Spaziergang auf Versuchungen vorbereitet sein und die Hand am Auslöser haben. Dann hat man die Chance den ersten Versuch zu erwischen.

Strafe muss nachdrücklich sein

Eine Strafe ist nur dann eine Strafe, wenn das Verhalten auch gemindert wird. Der Strom sollte demnach so stark eingestellt sein, dass es dem Hund auch wirklich unangenehm ist. Dabei muss bedacht werden, dass Hunde in Erregung oft andere Empfindungen haben. Sie spüren oftmals Schmerz nicht, den sie im Ruhezustand durchaus als unangenehm empfinden. Nicht ohne Grund gehen jagende Hunde direkt durch Dornengebüsche ohne Rücksicht auf Verluste. Testet man die notwendige Stromstärke erst beim ersten Jagdversuch, hat man eventuell Regel Nr. 1 schon gebrochen, wenn der eigene Hund zu denen gehört, denen ein wenig Kribbeln nichts ausmacht. Idealerweise muss das Stromhalsband also entweder gleich auf der höchsten Stufe stehen – das kann tierschutzrelevant sein, oder die Wirksamkeit muss vorher in einem ähnlichen Erregungszustand getestet werden.

Nicht zu vergessen, sind außerdem die äußeren Umstände wie das Wetter und die Umgebung. Strom leitet bei nassem Fell besser und Bäume können die Übertragung mehr behindern als die Nutzung auf freiem Feld.

Strafe muss bei jedem Fehlverhalten auftreten

Der Stromstoß muss ausnahmslos jedes Mal erfolgen, wenn der Hund jagen geht. Je nach Charakter oder Reizstärke probieren einige Hunde es doch mehrmals, bevor sie aufgeben. Das Stromhalsband muss also idealerweise immer dabei sein und zwar so lange, bis man sich sicher ist, dass der Hund wirklich nicht mehr hinterher rennen würde.

Dieser Punkt ist besonders schwer umzusetzen, da Jagen, wie schon beschrieben, schon mit dem Spuren suchen beginnt. Sie müssen also unterscheiden können, ob Ihr Hund die Markierung des Nachbarhundes beschnüffelt, oder ob er schon eine Wildspur in der Nase hat.

Anonym strafen

Der Hund soll auf keinen Fall wissen, dass die Strafe vom Halsband ausgeht, so dass er nur jagt, wenn er es nicht trägt.

Damit der Hund den Schmerz nicht mit dem Halsband verknüpft, muss ein solches Gerät schon lange vorher angewöhnt werden. Der Hund muss es tragen, ohne dass es benutzt wird. Das Auslösen sollte so erfolgen, dass der Hund es nicht mit Ihnen in Verbindung bringt. Er soll nicht lernen, dass Sie es auslösen oder dass es eine Strafe auf das Nichtbeachten eines Signals ist. Das Ziel ist ja, dass der Hund gar nicht erst jagen geht. Wenn man es sich aussuchen könnte, dann sollte die Strafe direkt vom gejagten Tier ausgehen. Wenn der Hund die Strafe direkt mit dem Tier in Verbindung bringt, dann ist die Chance größer, dass er zu diesem Tier Abstand hält, auch wenn Sie nicht aufpassen.

Theoretisch sind Stromreizgeräte die besten Mittel, um anonym zu strafen. Nur wird auch hier wieder zu oft die Intelligenz des Hundes vernachlässigt. Hunde bekommen sehr schnell mit, dass das Halsband mit dem Schmerz zusammenhängt. Und leider sind falsche Verknüpfungen eher die Regel als die Ausnahme.

Schäferhündin Leila weiß, dass sie mit diesem schweren Ding um ihren Hals, Schmerzen zu befürchten hat. Dementsprechend gedrückt läuft sie auch. Der Kopf hängt, die Rute auch, und mehr als ein langsames Schlurfen ist nicht aus ihr herauszubekommen. Sobald das Halsband jedoch ab ist, geht sie sogar häufiger und länger jagen als zuvor.

Das Timing

Diese Regel einzuhalten, dürfte am schwierigsten sein. Der Stromstoß muss in dem Moment erfolgen, in dem der Hund das Fehlverhalten gerade ausführen will. Denn nur dann kann man sicher davon ausgehen, dass all seine Sinne auf das Jagen ausgerichtet sind. Wie erkennen wir diesen Moment? Wie wir oben schon festgestellt haben, ist Jagen eine vielschichtige und komplexe Angelegenheit. Wann also ist der richtige Moment? Wenn der Hund die Nase in der Luft oder am Boden hat und schnuppert? Wenn er losläuft? Wenn er das Wild sieht? Wenn er schon hetzt?

Den richtigen Zeitpunkt zu erwischen ist schwierig bis unmöglich. Idealerweise sollte es der Moment sein, in dem der Hund das Wild sieht und zu hetzen beginnt. Denn nur dann kann man sicher sein, dass er wirklich das Wild jagen will und nicht vielleicht etwas anders riecht oder einfach aus Lust und Laune rennen möchte. So entstehen sehr schnell falsche Verknüpfungen, wenn beispielsweise gerade ein Mensch am Wegesrand steht, ein Flugzeug vorüber fliegt, oder der Hund gerade über anderen Untergrund läuft. Oft kann man nicht voraussagen, welche Empfindungen und Vorstellungen sich im Hundehirn gerade verknüpfen.

Der Pointer Max hat seit Anwendung des Stromhalsbandes Angst vor fliegenden Insekten. Jedes Mal, wenn ihm eine Fliege oder Biene zu nahe kommt, wird er steif und beginnt zu zittern. Mit der Zeit hat sich dieses Verhalten auch auf andere, sich in der Luft bewegende Dinge, wie Blätter, Schmetterlinge u.ä. übertragen, und Max ist im Sommer und Herbst ein Häufchen Elend.

Alternativverhalten

Es ist immer leichter, darüber nachzudenken, was der Hund alles nicht machen soll. In unserem Fall soll er nicht jagen. Das Problem besteht aber darin, dass die Reaktion an einen Reiz gekoppelt ist. Es ist nicht möglich, eine Reaktion für immer auszulöschen, wenn der Reiz immer noch vorhanden ist. Man kann bestenfalls die Reaktion ändern; in andere Verhaltensweisen umlenken. Ein Hund, der nicht jagen darf, muss also lernen, was er stattdessen tun darf. Es reicht nicht aus, einfach nur aufs Knöpfchen zu drücken. Der Reiz wird den Hund jedes Mal neu verführen. Die einzige sinnvolle Möglichkeit ist daher tatsächlich, die Reize mit neuen Reaktionen zu verkoppeln, um das Problem auf lange Sicht zu lösen.

Die einzigen Vorteile des Stromhalsbandes im Sinne der Lerntheorie sind seine Reichweite und die Stärke des Reizes. Bei einigen Geräten stimmt die reelle Reichweite jedoch nicht mit der angegebenen Reichweite überein. Diese kann durch Bäume und andere Hindernisse gestört werden. Bei einigen Geräten erfolgt das Auslösen auch zeitlich versetzt. Wenn Sie also auf das Knöpfchen drücken, kommt die Strafe beim Hund erst 1-2 Sekunden später an. Damit wäre das Timing falsch und Fehler vorprogrammiert. Zum Teil können auch Fehlauslösungen stattfinden oder es wird keine Reaktion ausgelöst. Was beim Hund ankommt, wissen Sie im Endeffekt nicht.

Und noch eine Schwierigkeit birgt das Gerät: Es soll ein - biologisch gesehen - lebensnotwendiges Verhalten auslöschen. Jagen ist genetisch verankert, um das Überleben der Tiere zu sichern, selbst wenn unsere heutigen Hunde nicht mehr jagen müssen, um zu fressen. Selbst starker Schmerz ist kein ausreichendes und bleibendes Hindernis. Die meisten Hunde, die mit einem solchen Halsband vom Jagen abgehalten werden konnten, versuchen es nach einiger Zeit wieder. Im Durchschnitt versucht es der Hund nach vier bis sechs Monaten erneut. Hat er dann gerade kein Gerät am Halsband, hat er Erfolg mit dem Jagen und wieder gelernt, dass es Wege gibt, an Ihnen vorbei zu kommen. In den meisten Fällen muss also regelmäßig wieder ein Stromstoß daran erinnern, was verboten ist.

Huskymixhündin Zafira`s Herrchen war glücklich als ein wehrhafter Fasan ihr beim Angriff eins auf die Nase gab. Das Timing war perfekt! Zafira kam blutend und mit dickem Auge zurück und ließ die Vögel erst einmal links liegen. Doch Indianer und Jagdhunde kennen keinen Schmerz und zwei Wochen später jagte Zafira die Fasane zum Erschrecken ihrer Besitzer sogar heftiger als vorher.

Ein ganz schwerwiegender Nachteil, der jedoch weniger im Gerät begründet liegt, ist die menschliche Emotion. Auch wir Menschen unterliegen den Lerngesetzen. Stellt der Hund etwas an, was uns nicht gefällt, bestrafen wir ihn und fühlen uns prompt besser. Wir reagieren unseren Ärger ab. Das hat einen Belohnungseffekt auf uns und führt dazu, dass wir immer häufiger und öfter strafen. Ob das bei Ihnen so ist, erkennen Sie ganz leicht daran, dass Sie Ihren Hund immer wieder ausschimpfen, wenn er jagen war. Dass es nicht hilft, sehen Sie daran, dass der Hund immer wieder jagen geht. Hätte das Schimpfen keinerlei Belohnungseffekt bei Ihnen, hätten Sie schon längst andere Wege gefunden, um dem Jagen beizukommen. Denn wieso sollte man bei einer Verhaltensweise bleiben, die keinen Erfolg bringt?

Es ist anzunehmen, dass Sie, wenn Sie dieses Buch in den Händen halten, bestimmte Regeln, wie das Strafen beim ersten Versuch, das Strafen möglichst jeden Fehlverhaltens im richtigen Moment usw. schon nicht mehr befolgen können.

Die Timingregel sagt ihnen nur, dass Sie jede Menge über das richtige Timing lernen müssen, was Sie dann fehlertoleranter beim Training über Belohnung anwenden sollten. Und ein Alternativverhalten ist genau das, was wir sowieso trainieren werden.

Lassen Sie uns also nicht mehr machen als nötig und fangen wir gleich beim Alternativverhalten an.

Nicht zuletzt darf man bei Strafen, die in den Bereich Schmerz fallen, nicht das Gesetz vergessen. Folgendes gilt:

In der Fassung der Bekanntmachung des Tierschutzgesetzes vom 25. Mai 1998, geändert durch Artikel 7b des Gesetzes vom 21.06.2005, ist es nach § 3 Nr. 1b verboten,"an einem Tier im Training oder bei sportlichen Wettkämpfen oder ähnlichen Veranstaltungen Maßnahmen, die mit erheblichen Schmerzen, Leiden oder Schäden verbunden sind und die die Leistungsfähigkeit von Tieren beeinflussen können, sowie an einem Tier bei sportlichen Wettkämpfen oder ähnlichen Veranstaltungen Dopingmittel anzuwenden [...]„
Es ist außerdem nach § 3 Nr. 5 verboten, „ein Tier auszubilden oder zu trainieren, sofern damit erhebliche Schmerzen, Leiden oder Schäden für das Tier verbunden sind [...]„
Und es ist nach § 3 Nr. 11 verboten, „ein Gerät zu verwenden, das durch direkte Stromeinwirkung das artgemäße Verhalten eines Tieres, insbesondere seine Bewegung, erheblich einschränkt oder es zur Bewegung zwingt und dem Tier dadurch nicht unerhebliche Schmerzen, Leiden oder Schäden zufügt, soweit dies nicht nach bundes- oder landesrechtlichen Vorschriften zulässig ist."
http://bundesrecht.juris.de/tierschg/

Außerdem: „Das Verwaltungsgericht Gelsenkirchen hat durch Urteil vom 14. Mai 2003 - Rechtsmittel ist eingelegt - entschieden, dass der Einsatz von Elektroreizgeräten (auch Teletaktgeräte genannt) zu Zwecken der Hundeausbildung nach geltendem Tierschutzrecht grundsätzlich verboten ist. Auf eine besondere Sachkunde des Benutzers kommt es dabei nicht an.
http://www.vg-gelsenkirchen.nrw.de

Nach dem Urteil des Bundesverwaltungsgerichtes vom 23.02.2006 wurde die Klage abgewiesen und dem Urteil des Landkreises und der Vorinstanzen recht gegeben. Die Nutzung von schmerzauslösenden Elektroreizgeräten in der Hundeerziehung ist demnach endgültig verboten. (siehe unter www.Bverwg.de)

Dr. D.U. Feddersen-Petersen schreibt im Jahr 2000 in ihrem „ethologischen Gutachten zur Verwendung von Elektroreizgeräten bei der Ausbildung von Hunden“:

> *„Die erläuterten Fakten ergeben zusammengefasst mit großer Sicherheit, dass der vernünftige Grund fehlt für die nie auszuschließende Zufügung eines „erheblichen Leidens“ bei der Hundeausbildung mit Elektroreizgeräten. Deshalb spreche ich mich für das ausnahmslose Verbot dieser Geräte aus. Methoden, die auf Motivationsförderung basieren, setzen sicher mehr Phantasie beim Hundetrainer voraus, aber sie sind weit erfolgreicher und angenehmer für den Hund wie den Besitzer.“*

Eine Studie von Schilder und van der Borg im Oktober 2003 kommt zu dem Schluss, dass Hunde, die mit Strom ausgebildet werden, grundsätzlich gestresster sind als Hunde, die ohne Strom ausgebildet werden.

Und nicht zuletzt verweist Prof. Dr. Gotthard M. Teutsch in seinem „Ethischen Gutachten zur Verwendung von Elektroreizgeräten bei der Ausbildung von Hunden“ im Jahr 2000 auf die ethische Komponente, die der Einsatz von Strom aufwirft.

> *„Die Belastung der betroffenen Tiere, durch die Nicht-Verhaltensgerechtheit der Methode steht außer Frage.“ „[…] Zu leicht kann aus einem Erziehungsmittel ein Machtmittel […] werden.“ […] Ein ausreichend vernünftiger Grund, dass in §3, Nr.11 (Verbot des Einsatzes von Strom bei Tieren zur Einschränkung oder zum Zwang. Anmerkung d. Autorin) ausgesprochene Verbot zu lockern, ist aus ethischer Sicht nicht erkennbar.“*

Das Gesetz verbietet also ganz eindeutig den Einsatz von Elektroreizgeräten in Deutschland. Dass diese Geräte dennoch verkauft werden dürfen, darf niemanden vom Gegenteil überzeugen. Auch Waffen oder Parkuhren mit einem Zeitmechanismus sind zum Teil freiverkäuflich, dürfen aber nicht verwendet werden.

Bevor man dem Familienhund also irreparable Schäden zufügt, die zwar nicht entstehen müssen, aber mit großer Wahrscheinlichkeit entstehen können, ist es fairer Ihrem Hund gegenüber, ihn in risikoreichen Gebieten an der langen Leine zu führen.

Ein allseits bekannter Satz wird nur zu oft von „eigentlichen" Stromgegnern verwendet. Sie meinen, dass es doch zumindest besser sei, den Hund einmal unter Strom zu setzen, damit er dann nichtjagend ´artgerechter´ leben kann, als ihn dauerhaft an der kurzen Leine zu halten.

Dem zweiten Teil ist so zuzustimmen. Ein Leben an der kurzen Leine sollte ein Hund nicht führen. Es gibt auch Schleppleinen, Flexileinen, eingezäunte Grundstücke und Auslaufgebiete ohne Wald. Nicht zuletzt natürlich gibt es das AJT! Der erste Teil des Satzes ist jedoch schlichtweg falsch. Es reicht gewöhnlich nicht aus, den Hund EINMAL zu „tackern" (wie der Volksmund sagt).

Die Besitzer von Schäferhundmischlingsdame Lexa waren erfreut, dass sie tatsächlich nach dem ersten Stromstoß nicht mehr jagen ging. Nach einem halben Jahr fing sie wieder damit an. Der nächste Stromstoß hielt nur drei Monate und der dritte war schon nach zwei Wochen vergessen(?)…

Hunde, die wirklich jagen, lassen sich nie endgültig durch den Schmerz vom Jagen abhalten.

Zusammenfassende Übersicht

- Schmerz gehört zum Jagen und ist daher keine sinnvolle Strafe.
- Erfolg ist Glückssache, denn eine fehlerlose Anwendung und Einhaltung der Regeln ist in den meisten Fällen nicht möglich.
- Die Anwendung von Teleimpulsgeräten ist deutschlandweit verboten.
- Ein Verbot mindert nicht das Auftreten von Reizen.

"Die Größe und den moralischen Fortschritt einer Nation kann man daran messen, wie sie die Tiere behandelt."

(Mahatma Gandhi)

- Überblick über die praktische Arbeit -

Dieses Buch ist ein Arbeitsbuch. Neben dem nötigen Hintergrundwissen finden Sie in diesem Buch vor allem praktische Anleitungen zu Übungen rund um das Antijagdtraining. Am Ende jeder Übung befindet sich eine Kurzanleitung, die die wichtigsten Punkte noch mal zusammenfasst. Desweiteren befinden sich im Anhang des Buches Tabellen zum Ausfüllen und Übersichten zum Antijagdtraining.

Das AJT (= Antijagdtraining) besteht aus verschiedenen Komponenten. Es reicht - bei den meisten Hunden - nicht aus, wenn Sie sich ein oder zwei Übungen heraussuchen. Das Antijagdtraining ist ein Komplex aus verschiedenen Maßnahmen, die gar nicht alle direkt mit dem Jagen im Zusammenhang stehen müssen. Vieles bedingt sich gegenseitig, schafft Grundlagen und hilft damit, das Problem unter Kontrolle zu bekommen.

Jagdprobleme können sich sehr vielschichtig äußern. Ob der Hund ausschließlich bei Wildsichtung hetzt oder außerhalb der Wohnung überhaupt nicht ansprechbar ist. Ob er Kaninchen, Rehe, Fahrradfahrer, Jogger oder alles zusammen jagt, alles ist für den Halter problematisch. Auch die Lösungswege sind sehr verschieden von Hund zu Hund. Einige Hunde spielen gern und sind verfressen, andere verlangen viel Fantasie von ihren Menschen. Sowohl Jagdhundrassen als auch Rassen aus allen anderen Gruppierungen können ein Jagdproblem haben.
Neben allen genannten Extremen und den individuellen Eigenheiten des eigenen Hundes ergibt sich das ganz persönliche Jagdproblem für das dieses Buch Lösungsansätze vermitteln soll.

Dieses Buch bietet Ihnen eine große Auswahl an Übungen, die in den meisten Fällen einen Erfolg schaffen können. Welche Übungen gerade für Sie und Ihren Hund sinnvoll sind, unterliegt Ihrer eigenen Entscheidung und Prüfung. Hält Ihr Hund einen Radius ein, benötigt er keine Schleppleine mehr und Sie können dieses Kapitel überspringen. Wenn Sie über die Gegenkonditionierung arbeiten, können eventuell die Abrufübungen wegfallen usw. Es gibt sehr viele Möglichkeiten, sich seinen individuellen Trainingsplan zusammen zu stellen.

Es ist ebenso wichtig, realistisch zu sein. Das Antijagdtraining ist ein 24h-Job. Man kann mit einem Hund, der gerne jagt, niemals spazieren gehen, ohne auf den Hund und sein Umfeld zu achten. Vorausschauendes Laufen und Beschäftigung mit dem Hund sind Voraussetzungen dafür, dass er nicht wieder in sein solitäres Jagdverhalten zurückfällt.

Schauen Sie deshalb nicht neidisch nach rechts und links auf Hundehalter, deren Hunde gelangweilt nebenher trotten, während Frauchen oder Herrchen ein Buch liest. Hunde sind Individuen und das, was Ihr Hund kann, kann der andere nicht.

Ihr Hund ist Ihr Partner und mit ihm haben Sie Ihre ganz eigenen Erlebnisse und Erfolge. Konzentrieren Sie sich darauf, statt dem hinterher zu trauern, was Sie nicht haben können.

Denken Sie daran: Je mehr Probleme es zu lösen gilt, desto mehr Erfahrungen sammelt man! Oder wie eine bekannte Hundetrainerin zu sagen pflegt: „Jeder bekommt den Hund, den er zum Lernen **braucht**!"

Wir wünschen Ihnen Durchhaltevermögen, Erfolg und vor allem auch viel Spaß beim gemeinsamen Lernen!

Indirektes AJT			Direktes AJT	
Orientirungs-übungen	**Impuls-kontrolle**	**Alternative Beschäftigung**	**Schlepp-leinentraining**	**Kontrolle am Wild**
Zum Verstärken der Wichtigkeit des Menschen	Zum Training der Erregungs-zügelung	Zur Auslastung des Hundes und dem Aufbau des gemeinsamen Arbeitens	Zur Sicherung und Erfolgs-verhinderung	Zum Stoppen bzw. Abruf vom Wild
Beispiele:	Beispiele:	Beispiele:	In drei Schritten:	Beispiele:
*Blickkontakt bestärken *Versteckspiele *Richtungswechsel *Umkehrsignal *„Schade!“-Signal	*Spannung halten *Abregen *Warten	*Nasenarbeit *freies Formen *Coursing	*SL halten *SL schleifen lassen *SL abbauen	*Superruf *Gegenkon-ditionierung *Vorstehen *Sitz/Platz *Komm
Das indirekte AJT ist Voraussetzung dafür, die Übungen des direkten AJT überhaupt trainieren zu können. Denn erst wenn der Hund sich wirklich am Halter orientiert, haben Sie auch die Chance, dass er das Abrufen vom Wild lernen kann. Es verspricht also am ehesten Erfolg, wenn Sie mit den Übungen des indirekten AJT´s beginnen und erst dann die Kontrolle am Wild trainieren.				

Überblick über das praktische Training

II Schleppleinentraining

Die Schleppleine ist eine lange und leichte Leine, die in bestimmten Phasen des Trainings am Geschirr des Hundes befestigt wird. Im Rahmen dieses Buches dient das Schleppleinentraining vor allem dem Einhalten eines Radius um Sie herum und für Übungen zur Kontrolle am Wild. Nicht zuletzt hindert die Schleppleine den Hund natürlich am Weglaufen.

Das Einhalten eines Radius ist sinnvoll, da sich die Chance, Ihren Hund von gesichtetem Wild erfolgreich abzurufen, wesentlich erhöht, wenn Ihr Hund sich 15 Meter von Ihnen entfernt befindet, statt 50 Meter. Einerseits können Sie die Körpersprache Ihres Hundes besser erkennen, lesen und darauf reagieren, bevor Ihr Hund beginnt zu hetzen. Zum anderen ist Ihr Hund sich Ihrer bewusster, je näher Sie ihm physisch sind.

Beim Training mit der Schleppleine sollen Sie außerdem wieder lernen, Zufallssituationen gelassen und übungsbereit entgegenzusehen, statt in Starrheit zu verfallen. Ihr Hund kann an der Leine nicht weg und Sie haben nun die Möglichkeit, genau in diesen Situationen `lebensecht` zu üben.

Wenn all dies für Sie und Ihren Hund nicht nötig ist, brauchen Sie natürlich nicht mit der Schleppleine zu arbeiten. Beginnen Sie in dem Fall damit, alle weiteren Übungen ohne diese Leine durchzuführen. Ansonsten wird die Schleppleine Sie als Basis des AJTs durch das gesamte Training begleiten, bis sie am Ende abgebaut und schlussendlich unnötig wird, weil alle anderen Übungen zuverlässig funktionieren.

Wie das Training mit der Schleppleine genau funktioniert, wird im folgenden Kapitel im Detail erörtert. Dazu gehören die Beschaffenheit der Schleppleine, die Durchführung des Schleppleinentrainings inklusive des Aufbaus der Spezialübungen „Ende“, „Langsamer“ und „Raus da“, sowie ein kleiner Exkurs für den Fall, dass Ihr Hund aus ihrem Einwirkungsbereich entschwindet.

Die Beschaffenheit der Schleppleine

Die Länge der Schleppleine definiert für das Training den Radius, den Ihr Hund auf Ihren Spaziergängen einhalten soll. Wählen Sie die Länge Ihrer Schleppleine nach dem Gewicht Ihres Hundes und Ihrer eigenen Standfestigkeit. Für einen Hund von 30 Kilogramm bietet sich eine Leinenlänge von zehn bis fünfzehn Metern an. Wenn Ihr Hund beispielsweise ein Neufundländermischling ist, dann nehmen Sie nur eine fünf Meter lange Leine. Haben Sie hingegen einen Dackel, dann kann Ihre Schleppleine gerne auch 20 Meter lang sein, ohne dass Sie Probleme haben werden, Ihren Hund zu halten.

Als Material hat sich in der Praxis Nylon bewährt. Es ist in der Regel wasserabweisend, leicht und lässt sich dadurch mühelos vom Hund hinterher schleifen. Schleppleinen aus Leder sind für die Hände etwas angenehmer. Sie bergen den Nachteil, regelmäßig gepflegt werden zu müssen, damit das Leder nicht brüchig wird. Außerdem saugen sie Wasser auf und sind allgemein vom Material her schwerer. Sollten Sie sich trotzdem für eine Schleppleine aus Leder entscheiden, erhalten Sie diese in manchen Tierzubehörläden oder in einem Spezialgeschäft für Leder.

Auch der Durchmesser der Leine ist vom Gewicht Ihres Hundes abhängig. Grundsätzlich gilt: je größer der Durchmesser, desto geringer ist die Gefahr von Verbrennungen an der Hand, wenn der Hund losstürmt. Hinzu kommt die steigende Reißfestigkeit. Eine Schleppleine mit großem Durchmesser bedeutet jedoch auch mehr Gewicht, das der Hund hinter sich her schleppt. Manche Hunde fühlen sich dadurch beim Laufen behindert.

Fertige Schleppleinen gibt es in den meisten Tierzubehörläden. Eine günstigere und eventuell auch haltbarere Alternative ist, Meterware im Baumarkt oder Trecking- und Bergsteigergeschäft zu kaufen. Die Nylonseile gibt es in diversen Durchmessern, passend für jeden Hund. Der passende Karabiner ist ebenfalls in dem Geschäft erhältlich. Lassen Sie sich von einem Verkäufer beraten, für wie viel Kilogramm der Karabiner und der Durchmesser des Nylonseils geeignet sind.

Ein Knoten am Ende der Schleppleine erleichtert das Festhalten der Leine bzw. verringert das Risiko, dass die Leine unter Ihrem Schuh wegflutscht, wenn sie sich spannt. Unschöner Nebeneffekt ist, dass Ihr Hund leichter an einer Wurzel oder ähnlichem hängen bleiben kann. Dasselbe gilt für Schlaufen am Ende der Leine.

Um die Schleppleine richtig nutzen zu können, benötigen Sie ein gut sitzendes Brustgeschirr. Es kann immer eine Situation geben, in der der Hund mit voller Wucht in die Leine rennt; sei es, weil Sie ihn am Losspurten hindern oder weil die Schleppleine an einem Ast hängen geblieben ist. Ist die Schleppleine am Halsband befestigt, kann es bei einem Ruck zu Verletzungen im Halsbereich kommen. Von den gesundheitlichen Aspekten abgesehen, wickelt sich eine am Halsband befestigte Schleppleine erfahrungsgemäß schneller um die Beine des Hundes, als wenn sie am Brustgeschirr befestigt ist. Das liegt daran, dass die Leine bei der Befestigung am Halsband meist unter dem Bauch schleift, statt auf dem Rücken, wie beim Brustgeschirr.

Ein Ruckdämpfer ist bei Bedarf eine gute Ergänzung für Ihr Equipment. Er eignet sich für Hunde, die ungebremst in die Leine rennen. Damit schonen Sie nicht nur den Rücken Ihres Hundes, sondern auch Ihre Schultergelenke.

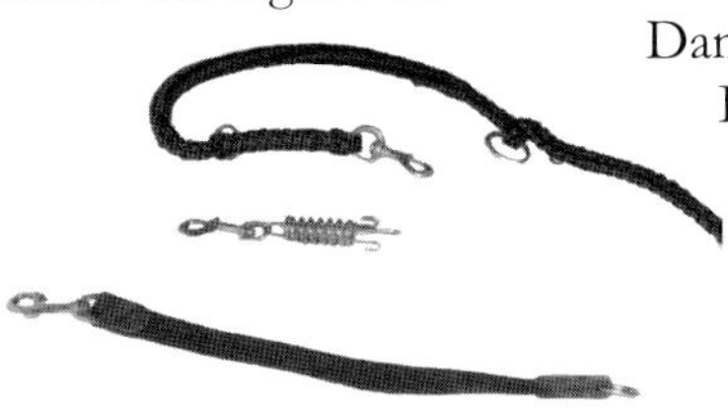

Der Ruckdämpfer wird zwischen Brustgeschirr und Schleppleine befestigt. Diese Zwischenstücke federn den Ruck etwas ab.

Zur Auswahl stehen ein Ruckdämpfer aus elastischem Material oder eine Spirale aus Stahl. Die Stahlspirale hat sich in der Praxis durch ihre eher mäßig dämpfende Wirkung weniger bewährt.

Die Bezugsquellen für elastische Rückdämpfer bzw. „Anti-Ruck-Expander" finden Sie im Anhang.

Ein weiteres wichtiges Utensil für Ihr Schleppleinentraining sind Handschuhe. Sie schützen vor Verbrennungen an den Händen, wenn Ihnen die Leine durch die Hand gleitet. In den kalten Jahreszeiten bieten sich diverse Handschuhe an. In den warmen Jahreszeiten lohnt es sich, Handschuhe für Radsportler oder Segler anzuschaffen

Arbeiten mit der Schleppleine

Grundsätzlich dient die Schleppleine dazu, dem Hund beizubringen einen gewissen Radius um Sie herum einzuhalten. Der Radius wird durch die Leinenlänge bestimmt. Kurz vor Leinenende wird der Hund durch eine Übung gestoppt.

Außerdem können Sie Ihren Hund daran hindern, hinter dem Wild herzuhetzen, sollte zwischendurch eine ablenkende Wildspur oder das Wild selbst Ihren Weg kreuzen.

Egal bei welchem der drei Schritte des Schleppleinentrainings Sie einsteigen, folgendes sollten Sie immer mitnehmen und beachten:

- Rüsten Sie sich mit einer Bauchtasche, gefüllt mit Klicker, Leckerchen, eventuell Spielzeug und Handschuhen aus.
- Legen Sie Ihrem Hund das Brustgeschirr an und nehmen Sie sowohl Ihre normale Leine als auch die Schleppleine mit.
- Wenn Sie das ausgewählte Spaziergehgebiet erreicht haben, befestigen Sie die eingerollte Schleppleine am Brustgeschirr Ihres Hundes - eventuell Ruckdämpfer dazwischen schnallen. Hängen Sie sich die normale Leine um, damit Sie beide Hände frei haben.
- Lassen Sie die Schleppleine nicht einfach fallen bzw. halten Sie nicht nur das Ende fest, sondern wickeln Sie die Schleppleine nach und nach ab, so dass Ihr Hund nicht mit voller Wucht in die Schleppleine rennen kann.
- Immer, wenn Ihr Hund stehen bleibt oder gar zurück bleibt, sollten Sie die Schleppleine wieder aufnehmen, um zu verhindern, dass Ihr Hund mit Anlauf in die Leine rennen kann.
- Achten Sie darauf, die Schleppleine nicht um die Hand zu wickeln! Im schlimmsten Fall kann es sonst zu Knochenbrüchen führen.

Es gibt zwei Techniken, die Schleppleine gut zu halten:

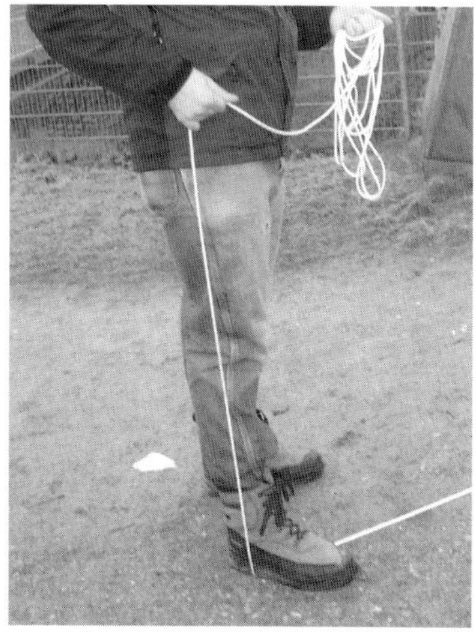

Sie können die Schleppleine nicht nur in der Hand halten, sondern die Leine um den Ellbogen herum laufen lassen.

Oder Sie halten das Ende der Schleppleine straff fest und stellen einen Fuß darauf. Wenn Sie zwei Füße auf die Schleppleine stellen, verlieren Sie schneller den Halt, wenn Ihr Hund an der Leine zerrt.

Am besten testen Sie mal aus, wie Sie die Schleppleine am sichersten halten können, während jemand anderes den Hund spielt und an der Leine zieht.

Das Schleppleinentraining gliedert sich in drei Trainingsschritte, die im Folgenden beschrieben werden:

1. **Training mit Schleppleine in der Hand**
2. **Training mit schleifender Schleppleine**
3. **Schleppleine ausschleichen**

Schritt 1: Schleppleine in der Hand

Wenn Ihr Hund noch nicht gelernt hat, den Radius um Sie herum einzuhalten, beginnen Sie bei Schritt 1. Bei diesem Schritt wird die Schleppleine in der Hand gehalten.

Machen Sie sich auf den Weg zu einem Spaziergehgebiet, in dem Sie in Ruhe üben können, ohne durch andere Menschen und Hunde wesentlich abgelenkt zu werden. Das Gebiet sollte möglichst wenig frequentiert von Wild(spuren) sein. Auf Ihrer Generalisierungsskala sollte es weit oben stehen, also wenig Ablenkung bieten.

Lassen Sie die Schleppleine durch Ihre Hand gleiten, wenn der Hund sich von Ihnen entfernt und greifen Sie wieder nach, wenn er sich Ihnen nähert. Dadurch ist die Leine immer kurz vor dem Straffwerden und Ihr Hund hat nicht die Möglichkeit, in die vollen zehn - oder mehr - Meter hineinzulaufen. Er rennt nur in das kurze lockere Stück bevor die Leine sich strafft und Sie ihn festhalten können.

Machen Sie ca. zwei Meter vor Ende einen Knoten in die Leine, den Sie spüren, wenn er durch Ihre Hand rutscht.

Während des Spazierengehens an der Schleppleine stoppen Sie Ihren Hund durch eine passive oder aktive Übung, sobald der Knoten durch Ihre Hand rutscht.

Unter passiven Übungen versteht man Übungen, in denen der Hund auf der Stelle verharrt. Das kann beispielsweise das Sitz, Platz, Steh oder Bleib sein.

Zu aktiven Übungen zählen Übungen, in denen der Hund in Bewegung bleibt. Dazu gehören das Zurückblicken, Zurückkommen, Bei-Fuß-Gehen oder Langsamer-Laufen. Fast alle Übungen werden im Verlauf des Buches beschrieben.

Sie können zwischen aktiven und passiven Übungen zum Stoppen vor dem Leinenende variieren. Manchem Hund liegen die passiven, anderen die aktiven Übungen mehr. Beginnen Sie mit den Übungen, die Ihrem Hund mehr liegen, um Frust zu vermeiden und den Spaß am Erfolg für beide Seiten zu erhöhen.

Es gibt Hunde, die trotz größter Bemühungen seitens ihrer Besitzer niemals auf Zuruf freudig angerannt kommen, sich hingegen zuverlässig auf Entfernung ins Steh/Sitz/Platz rufen lassen. Anderen fällt das auf der Stelle verweilen sehr schwer. Diese Hunde laufen lieber fünf Mal flott zu ihrem Besitzer hin, statt zu warten, bis dieser aufgeschlossen hat. Zu welchem der beschriebenen Extreme gehört Ihr Hund?

In einem Antijagdtraining-Kurs gab es einen jungen English-Setter Rüden mit einem enormen Bewegungsdrang. Wenn dieser Hund an der Schleppleine lief, war es für ihn einfacher, im Kreis um Frauchen herum zu rennen bzw. zu Frauchen zurück zu kommen, statt am Ende der Leine stehen zu bleiben bis Frauchen aufgeschlossen hat. An derselben Gruppe nahm ein etwas älterer Husky Rüde teil, der eher ein energiesparendes Wesen hatte. Dieser Hund schaffte es leichter, am Ende der Leine auf sein Frauchen zu warten, statt zu ihr zurück zu kommen.

Manche Hunde beginnen bereits nach wenigen Trainingsspaziergängen ihren Besitzern das Stoppen am Leinenende vorweg zu nehmen, andere erst nach Monaten. Das liegt zum einen an den Erfahrungen, die Ihr Hund bisher gemacht hat, zum anderen auch an seinen genetischen Voraussetzungen. Ist Ihr Hund beispielsweise ein Setter, wurde er dafür gezüchtet, in großer Entfernung selbstständig zu arbeiten. Diesem Hund wird es mit hoher Wahrscheinlichkeit schwerer fallen, einen kleinen Radius einzuhalten, als der Hund einer Rasse, die gewöhnlich eng mit dem Menschen zusammenarbeitet.

Egal zu welchen der beiden Extreme Ihr Hund tendiert: Verpassen Sie dieses für das Training wichtige Verhalten nicht und belohnen Sie jedes freiwillige Einhalten des Radius.

Das angebotene Verhalten ist von Hund zu Hund unterschiedlich. Manche bleiben einfach kurz vor Ende der Schleppleine stehen, andere schnüffeln oder fressen Gras, die nächsten rennen automatisch kurz vor Ende der Leine zur ihren Besitzern zurück. Jede dieser Aktionen muss unbedingt als belohnenswert markiert werden. Sollte Ihr Hund nicht automatisch kommen, um sich nach dem Lob/Klick die Belohnung abzuholen, heißt das nicht unbedingt, dass er nichts wahrgenommen hat. Einigen Hunden genügt es als Belohnung, die Luft weiter auf Düfte hin zu untersuchen oder einfach weiter zu gehen. Zwingen Sie ihm dann Ihre Belohnung nicht auf.

Wechseln Sie zwischendurch das Spaziergehgebiet, um ortsgebundenes Lernen zu vermeiden! Sonst läuft Ihr Hund im Stadtpark vielleicht perfekt im Radius, im Wald aber nicht. Denken Sie an Ihre Generalisierungsskala. Führen Sie das Schleppleinentraining auch am Ort der größten Ablenkung durch.

Die ersten Spaziergänge mit der Schleppleine sind in der Regel sowohl für Sie als auch für Ihren Hund ungewohnt. Das Stoppen am Ende der Schleppleine kann anfangs anstrengend sein. Ihr Hund kann noch nicht einschätzen, warum er ständig eine Übung wiederholen muss, statt sich - wie bisher - uneingeschränkt auf die Wildspuren konzentrieren zu können oder nach Wild Ausschau zu halten. Möglicherweise ist Ihr Hund zu abgelenkt, um auf jeden Rückruf oder auf jedes „Steh!" zu reagieren. Er weiß auch noch nicht, wie lang die Schleppleine ist und dass er genau nach dieser Länge durch eine Übung gestoppt wird.

Bleiben Sie dran! Sobald Ihr Hund das Einhalten des Radius gelernt hat, ist das Training entspannter. Versprochen!

Wenn Ihr Hund unter mittlerer Ablenkung den Radius ohne Aufforderung einhält, können Sie zu Schritt 2 übergehen..

Schritt 2: Schleppleine schleifen lassen

Ihr Hund reagiert zuverlässig auf alle Signale, wenn Sie die Schleppleine in der Hand halten? Er hält den Radius immer mehr ohne Ihr Signal ein, egal in welchem Spaziergehgebiet Sie sind? Zweimal mit Ja geantwortet? Dann gehen Sie zum nächsten Übungsschritt über.
Lassen Sie die Schleppleine einfach mal schleifen.

Falls Ihr Hund seinen Radius nicht von selbst einhält, stoppen Sie ihn wie zuvor beschrieben mit einem Signal. Achten Sie besonders anfangs darauf, dass das Schleppleinende in Ihrer Nähe schleift, so dass Sie notfalls einen Fuß auf die Leine stellen können.

Wenn Sie merken, dass das Einhalten des Radius sich verschlechtert, Sie Ihren Hund also ständig wieder daran erinnern müssen, gehen Sie zum vorherigen Übungsschritt zurück. Den Fuß auf die Leine zu stellen sollte nicht zur Gewohnheit werden und ist auch nicht empfehlenswert, wenn der Hund wirklich einmal lossaust.

Trainieren Sie sämtliche - im weiteren Verlauf des Buches beschriebenen - Übungen nun auch mit schleifender Schleppleine und ebenfalls in unterschiedlichen Gebieten Ihrer Generalisierungsskala.

Erst wenn Ihr Hund nur noch wenige Erinnerungen zum Einhalten des Radius benötigt und wenn Sie entspannt weiter gehen können, obwohl das Ende der Schleppleine einige Meter entfernt von Ihnen schleift, sind Sie bereit für den letzten Schritt des Schleppleinentrainings.

Schritt 3: Schleppleine ausschleichen

Sie gehen selbstbewusst spazieren, weil Ihr Hund trotz schleifender Schleppleine auf Ihr Signal zuverlässig reagiert? Sie müssen ihn kaum noch daran erinnern, in Ihrer Nähe zu bleiben? Schön, dann auf zum nächsten Schritt.

Tauschen Sie die Schleppleine durch eine mindestens 15 Meter lange Wäscheleine aus.

Vergessen Sie nicht, Knoten in die Leine zu machen, damit Sie diese im Zweifelsfall besser halten oder darauf treten können. Manche Hunde haben sich an das zu ziehende Gewicht der Schleppleine gewöhnt. Die wesentlich leichtere Wäscheleine kann einen Übergang vom Schleppleinen-Spaziergang zum leinenlosen Spaziergang bilden. Trainieren Sie mit der Wäscheleine genauso wie mit der Schleppleine.

Lassen Sie sie schleifen und treten Sie nur darauf, wenn der Hund sich aus Ihrem Einwirkungsbereich entfernt. Bitte bedenken Sie dabei immer die Kräfteverhältnisse zwischen Ihnen und Ihrem Hund, so dass Ihr Hund Sie nicht zu Fall bringen kann. Schleichen sich Fehler ein, sind Sie im Training zu schnell vorangeschritten. Der häufigste Fehler besteht darin, die Übungen nicht in ablenkungsreichen Gebieten sauber aufgebaut zu haben. Einmal ist keinmal! Zweimal ist ein Trend und dreimal ist Gewohnheit! Lassen Sie sich aber auch durch einen Rückfall nicht verunsichern.

Nach wie vor belohnen Sie das Einhalten des Radius. Reaktionen Ihres Hundes auf das Signal belohnen Sie nur noch variabel. Das bedeutet, dass Sie nur noch die besten Reaktionen auf ein Signal belohnen. Ein Sitz ohne besondere Ablenkung oder ein Zurückkommen sollte inzwischen gut funktionieren.

Alternativ zur Wäscheleine können Sie die Schleppleine auch nach und nach kürzen, also abschneiden. Es geht nicht darum, den Hund auszutricksen und ihn denken zu lassen, er wäre noch an der Leine. Die wenigsten Hunde sind tatsächlich so dumm. Es dient vielmehr Ihnen dazu, Ihre mögliche Einwirkung langsam abzubauen. Mit jedem schwindenden Meter Leine setzen Sie ein Stück mehr Vertrauen in Ihre Arbeit mit dem Hund. Das kann nicht von Null auf Hundert gehen, sondern nur schrittweise und so, dass Sie entsprechend Ihrem Vertrauen noch Einflussmöglichkeit haben durch das längere Stück Leine.

Beginnen Sie immer mit kurzen Phasen von etwa fünf Minuten, in denen Ihr Hund ganz ohne Leine läuft. Nehmen Sie ihn dann wieder für etwa fünfzehn Minuten an die Wäscheleine. Üben Sie nun erneut fünf Minuten im Freilauf.

Die Phasen zwischen Freilauf und an der Wäscheleine sollten sich abwechseln. Gerade in den ersten 30 Minuten des Spaziergangs verfügen die meisten Hunde über mehr Selbstkontrolle. Eine mögliche Erklärung dafür liegt im Hormonhaushalt des Tieres: Je mehr Wildspuren der Hund findet, desto höher steigt sein Adrenalinpegel und desto schwerer fällt es ihm, sich zu beherrschen und sich auf Sie zu konzentrieren. Ihr Hund sollte also nur Freilauf haben, solange er gut ansprechbar ist. Die Dauer, die Ihr Hund freiläuft, kann nach und nach erhöht werden.

Wenn Sie Ihren Hund die ersten Male ganz ohne Leine laufen lassen, können Sie ihn mit einer Glocke ausstatten. Sollte er sich tatsächlich weiter entfernen, können Sie ihn einfacher orten. Eine Bezugsquelle befindet sich im Anhang.

Wenn Sie bei Ihrer praktischen Arbeit mit dem Hund bei diesem Schritt des Schleppleinentrainings angekommen sind, sollten bereits die meisten Übungen funktionieren, die im Verlauf dieses Buches beschrieben sind. Übungen, wie das Umkehrsignal, der Superschlachtruf, Beschäftigung auf den Spaziergängen, Ersatzjagden usw. werden mit dem Schleppleinentraining parallel trainiert. Geschieht dies erfolgreich, ist der Schritt, ganz ohne Leine spazieren zu gehen, erreicht.

Der zweite Grund, mit der Schleppleine zu arbeiten (neben dem Radiustraining), besteht darin, den Hund auch außerhalb Ihres direkten Einwirkungsbereiches an der Selbstbelohnung zu hindern. Ein Hund, der an einer - wie auch immer gearteten - Leine ist, kann nicht jagen, weiterschnüffeln, zum anderen Hund laufen etc. Die Leine hindert ihn daran und Sie haben so die Möglichkeit, Signale auch in größerer Entfernung zu trainieren.

Alles, was Ihr Hund an der Leine tun soll, müssen Sie jedoch so üben, als wäre gar keine Leine da. Es nutzt nichts, wenn Sie Ihren Hund nach dem Signal „Komm“ an der Leine zu sich heranziehen. Er wird dann nur lernen, dass Sie mit Leine Einfluss auf ihn ausüben können, ohne aber nicht. Er wird dann nicht lernen, auf das „Komm!“ - Signal zu reagieren, weil sie ihn sowieso heranziehen. Das Komm kann der Hund nur lernen, wenn er es auch selbst ausführt.

Alle Reaktionen auf Ihre Signale müssen unbedingt freiwillig von Ihrem Hund ausgeführt werden, wenn Sie zu dem Punkt kommen wollen, ohne Leine spazieren zu gehen. Sehen Sie es als Hinweis, wie weit Ihr Training voran geschritten ist. Reagiert Ihr Hund auf Ihren Rückruf nicht, ist die Ablenkung zu groß. Reagiert er also schon bei geringer Ablenkung nicht auf Ihren Rückruf, ist sein Trainingsstand noch (!) recht niedrig. Lässt er sich schon bei großer Ablenkung abrufen, hat er einen hohen Trainingsstand.

Gerade wenn Ihr Hund noch einen niedrigen Trainingsstand hat, werden Sie öfter in die Situation geraten, dass Ihr Hund auf Ihr Signal nicht reagiert. In solchen Momenten bleiben Sie einfach kommentarlos stehen und warten ab. Es kann sein, dass Ihr Hund frustriert reagieren wird. Vielleicht rennt er wie ein Pferd an der Longe um Sie herum, setzt sich einfach hin oder steht mit angespannter Leine, Blick in die Ferne gerichtet und witternd da. Beobachten Sie ihn, genauer seinen Hinterkopf. Wenn Sie den Eindruck haben, dass er wieder ansprechbarer ist (durch leichtes Kopfwenden, Ohrenzucken, Senken der Rute, Leine lockern), geben Sie erneut Ihr Signal. Mit großer Wahrscheinlichkeit wird er nun reagieren. Wenn die Ablenkung zu groß ist, können Sie die Reaktion trotz zweimaliger Aufforderung belohnen. Wenn die Ablenkung nicht besonders hoch war, loben Sie Ihren Hund nur verbal. Wenn Ihr Hund zu hoch erregt ist und jaulend in der Leine steht, gehen Sie auf der Schleppleine zu ihm hin, greifen Sie kommentarlos ins Geschirr und führen Sie Ihren Hund ruhig aus der Situation heraus.

Manche Hunde haben - durch falsche Verknüpfungen oder/und falsches Training - gelernt, dass sie mit Schleppleine konsequent am Jagen gehindert werden, aber ohne Schleppleine nach Lust und Laune jagen können.

In solchen Fällen können Sie Ihren Hund mit Schleppleine einige Male Spuren ausarbeiten lassen, so dass sich die Verknüpfung von Schleppleine und nicht jagen lösen kann. Natürlich denken Sie auch hierbei daran, ein geeignetes Gebiet zu wählen, also ohne Straßen und ohne Möglichkeiten zum Verfangen mit der Leine. In der Regel lösen sich die Verknüpfungen jedoch selbst, wenn das Führen an der Leine so passiv wie möglich bzw. wie beschrieben aufgebaut wird. Je weniger Sie mit der Leine einwirken müssen, je öfter Ihr Hund auf Ihre Signale reagiert, bevor er am Ende der Leine ist, desto eher können Sie die Leine auch ausschleichen.

Sind Sie sich unsicher, ob Ihr Hund immer noch unterscheidet ob er angeleint ist oder nicht, probieren Sie es mit zwei Leinen. Oft haben die Hunde das Geräusch des sich lösenden Karabiners verknüpft. Löst man nun einen Karabiner, hat aber noch einen Zweiten dran, kann man diese Verknüpfung löschen und merkt, wo noch Übungsbedarf besteht. Die zweite Leine sollte am besten eine sehr dünne und leichte Schnur sein, an der ebenfalls nicht gezogen wird.

Zusammenfassung:

Die Schleppleine dient zum:

? Einhalten eines Radius um den Menschen

- ► durch Stoppen mittels aktiver oder passiver Übungen

  Ziel: Hund hält Radius selbständig ein, ohne dass SL nötig ist

? Hindern der Selbstbelohnung, wie z.B. Hetzen

- ► durch Festhalten der Leine und Warten auf Aufmerksamkeit

  Ziel: Hund reagiert selbständig und freiwillig auf alle Signale und benötigt die Sicherheit der SL nicht mehr

Wichtig! **An der Leine wird NIE geruckt**
Der Hund wird NIE herangezogen.

Wenn der Hund „verloren“ geht

Sollte Ihr Hund tatsächlich weggelaufen sein, dann gibt der folgende Abschnitt Tipps, wie Sie sich sinnvoll verhalten können während der Hund weg ist und wenn er zurückkommt. Wenn Ihr Hund Ihnen mit schleifender Schleppleine öfter „verloren“ geht, dann haben Sie zu schnell zum höheren Trainingsschritt gewechselt. Gehen Sie also einen Trainingsschritt zurück und halten Sie das Ende der Schleppleine wieder in der Hand. Einen Lerneffekt werden Sie in dieser Situation kaum erzielen, außer bei Ihnen selbst - besser aufpassen. Hier geht es vor allem darum, den Hund so schnell wie möglich wieder zu bekommen.

Wenn Ihr Hund während des Trainings - aus welchem Grund auch immer - einmal jagen geht, dann versuchen Sie ihn maximal einmal zu rufen. Wenn Sie in so einem Moment mehrmals rufen und der Hund geht trotzdem hetzen, dann lernt Ihr Hund blitzschnell, dass Sie doch nicht über alle Ressourcen bestimmen können. Es kann auch passieren, dass Ihr Hund in dem Moment, in dem Sie rufen z.B. ein Kaninchen jagt. Fehlverknüpfungen sind dadurch vorprogrammiert.

Der Große Münsterländer Trix durfte bis zum Alter von 10 Jahren in seinem alten Zuhause nicht ohne Leine laufen. Dementsprechend kannte er kein Signal für das Kommen. Das wurde schnell nachgeholt. Nach ca. drei Wochen rannte er ohne ersichtlichen Grund in eine hoch gewachsene Wiese. Er wurde gerufen. In dem Moment hoppelte ein Kaninchen vor ihm her. Ab da bedeutete das „Komm-Signal“ für ihn „Kaninchen suchen“ – aber zum Glück nur auf dieser Wiese. Beim nächsten Mal war an Trix`s Brustgeschirr rechtzeitig eine Schleppleine befestigt, die in der Hand gehalten wurde. Als es wieder über diese Wiese ging, wurde er gerufen, worauf er sofort begann, das Kaninchen zu suchen. Die Schleppleine hinderte ihn jedoch daran. Beim nächsten Rufen kam er ein Stück zurück und wurde dafür fürstlich belohnt. Es bedurfte einiger Übungseinheiten mit Schleppleine, um den Fehler, im falschen Moment gerufen zu haben, aufzuarbeiten.

Es kann sein, dass ein Hund das ständige Rufen als Standortbestimmung nutzt. Im ersten Moment klingt das gut, aber nur, wenn der Hund dann auch tatsächlich zurückkommt. So ein Hund fühlt sich dadurch eher noch sicherer. Er muss nicht nach seinem Besitzer schauen, weil er ja im regelmäßigen Abstand hört, wo dieser ist. Das kann den Ausflug des Hundes durchaus verlängern. Trifft dies auf Ihren Hund zu und verfügt Ihr Hund außerdem über einen guten Orientierungssinn, dann gehen Sie am besten einfach weiter. So hat Ihr Hund zumindest nicht die Gewissheit, dass Sie an Ort und Stelle auf ihn warten.

Nicht jeder Hund verfügt über einen guten Orientierungssinn. Gerade einem Hund aus zweiter Hand, der z.B. Zeit seines Lebens an einer Flexileine verbracht hat, fällt es schwerer, den Besitzer wieder zu finden. Es ist in solchen Fällen sinnvoll, auf den Hund zu warten bzw. den Weg nicht zu wechseln, während der Hund weg ist. Bei so einem Hund kann das Rufen in regelmäßigen Zeitabständen sinnvoll sein.

Wenn Sie die im Verlauf des Buches beschriebenen Versteckübungen (Seite 92) noch nicht mit Ihrem Hund gemacht haben, dann bleiben Sie am besten dort stehen, wo Ihr Hund weggerannt ist. Denn dort wird der Hund zuerst nach Ihnen suchen, wenn er wieder voll zurechnungsfähig ist. Wenn es Ihnen nicht möglich ist, dort zu warten, lassen Sie wenigstens eine Jacke oder Tasche von sich dort.

Manche Hunde kehren zum Auto bzw. an bekannte Orte, wie zur Wohnungstür, zur Wohnungstür von engen Freunden, zum Arbeitsplatz usw. zurück. Vergessen Sie das bei Ihrer Suche nicht.

Was tun, wenn der Hund nach dem Jagen zurückkommt? Es kursieren viele Theorien und Handlungsvorschläge, die man sehr genau für seinen Hund durchdenken sollte.

Durch das **Belohnen** des Zurückkommens kann die Lust am Jagen für den Hund noch verstärkt werden und die Häufigkeit des Hetzens verschlimmern. Viele Hunde bilden schnell Verhaltensketten und fühlen sich dann nicht allein für das Zurückkommen belohnt, sondern auch für das Jagen. Oder andersherum: Um zurückkommen zu können, muss man erst einmal wegrennen.

Andererseits ist es bei Hunden, die sehr lange weg sind, dennoch hilfreich, weil es die Zeit des Wegbleibens verkürzen kann. Ein Jackpot kann das Zurückkommen dann sogar enorm beschleunigen. Ein Jackpot ist eine ganz besondere Belohnung. Der Gedanke dabei ist, dass die Jagdausflüge immer kürzer werden, weil Ihr Hund gelernt hat, dass er bei Rückkehr zu Ihnen etwas ganz besonders Tolles erwarten kann.

Als Jackpot kann das Lieblingsspielzeug oder -fressen Ihres Hundes genommen werden. An heißen Sommertagen kann das durchaus auch Wasser sein.

Es ist immer noch besser, einen Hund zu haben, der nach zwei Minuten wiederkommt, als nach zwei Stunden. Ziel des Antijagdtrainings ist natürlich, dass Ihr Hund überhaupt nicht mehr jagen geht

Strafen andererseits können dazu führen, dass der Hund länger wegbleibt. Der Reiz des Jagens ist so hoch, dass der Hund darauf ohne Training in fast jedem Fall anspricht. Ist dieser Reiz verflogen, will er den Ärger beim Wiederkommen vermeiden und kommt später oder/und sehr langsam und unterwürfig wieder. Dies bedeutet nicht, dass er weiß, was er falsch gemacht hat! Er versucht auf diese Weise nur, den Ärger so gering wie möglich zu halten und solange hinauszuzögern, wie möglich.

Natürlich ist man fürchterlich enttäuscht und verärgert, wenn der Hund doch wieder gejagt hat. Nehmen Sie sich einen Stoffhund mit, den Sie erwürgen können, werfen Sie den nächstbesten Stein so weit Sie können oder trommeln Sie mit den Fäusten gegen den nächsten Baum.

Wenn Sie nicht genau wissen, wie Ihr Hund auf Lob für das Wiederkommen reagieren wird, bleiben Sie am besten ruhig und besonnen

Nehmen Sie ihn, falls nötig, an die Leine und gehen Sie ruhig weiter. Hier können Sie ausnutzen, dass Hunde Dinge, die nicht kurz nacheinander folgen, nicht verknüpfen können. Gehen Sie ruhig in einem Bogen nach Hause. Ihr Unterbewusstsein fühlt sich gerächt durch den Abbruch des Spazierganges, aber Ihr Hund wird das nicht mit dem Jagen verbinden und Sie machen sich Ihr Training nicht kaputt.

Gerade beim Wechsel von schleifender Schleppleine zum Weglassen der Schleppleine können Missgeschicke passieren. Trotzdem müssen Sie testen, ob Sie bereit für den nächsten Schritt sind. Das Weglaufen Ihres Hundes darf natürlich kein Regelfall werden. Doch Sie zerstören sich auch nicht völlig das bisherige Training.

Drei Spezialübungen

Die Übungen „Ende!“, „Langsamer“ und „Raus da“ sind nützliche Hilfen für Ihr Schleppleinentraining. Das Ende Signal gehört zu den passiven Übungen, die beiden anderen zu den aktiven Übungen.

Das Signal „Ende!“

In Situationen, in denen abzusehen ist, dass Ihr Hund gleich am Ende der Leine angelangt ist, ist ein „Ende-Signal“ nützlich. Es bedeutet für Ihren Hund, dass das Ende der Leine gleich erreicht ist und er dort nicht weiterkommt, wenn er nicht vorher anhält.

Machen Sie sich ca. zwei Meter vor Leinenende - an Ihrem Ende - einen kleinen Knoten in die Leine. Sobald dieser Knoten durch ihre Hände läuft, geben Sie das Signal „Ende!“ und halten die Leine fest, wenn das Ende in Ihre Hand rutscht.

Da Ihr Hund dieses Wort anfangs nicht kennt, wird er weiterlaufen und feststellen, dass er so nicht weiter kommt.

Warten Sie nun ab, bis er die Leine von selbst lockert, indem er etwas zurückkommt, sich setzt oder bis er Sie anschaut.

Bestärken Sie dies, indem Sie ihn loben und weitergehen. Nutzen Sie hier die erwartete Bestärkung - das Weitergehen - aus, statt Futter zu geben. Besonders clevere Hunde bauen sonst sehr schnell wieder eine Verhaltenskette auf und laufen bis zum Leinenende, um Futter zu bekommen.

Nach mehreren Versuchen hat Ihr Hund das Signal mit dem folgenden möglichen Stopp verknüpft und wird diesen vermeiden, um weiter vorwärts zu kommen.

Kurzanleitung:

1 *Geben Sie das „Ende!“-Signal, wenn der Knoten durch Ihre Hände rutscht*
2 *Warten Sie, bis die Leine sich lockert*
3 *Bestärken Sie die Kontaktaufnahme des Hundes durch Weitergehen.*

Das Signal „Langsamer!"

Das Signal „Langsamer!" soll für Ihren Hund die Bedeutung bekommen, langsamer zu laufen. Nicht nur auf unübersichtlichen Wegen oder vor Kurven ist dieses Signal Gold wert. Beim Schleppleinentraining kann es sowohl für Sie, als auch für Ihren Hund entspannend sein, wenn Ihr Hund für einige Hundert Meter langsamer läuft und dadurch den Radius der Schleppleine nicht verlässt.

Auch an bestimmten Stellen des Spaziergangs wie z.B. beim Wildwechsel, ermöglicht das langsame laufen in Ihrer Nähe, dass Sie schnell eingreifen können, wenn es nötig sein sollte.

Bevor Sie mit der Übung beginnen, überlegen Sie, woran sie erkennen können, dass Ihr Hund langsamer läuft. In der Praxis hat sich der Gangartwechsel vom Trab in Schritt als deutlich sichtbares Kriterium bewährt. Manche Menschen nehmen als

Kriterium anfangs sogar nur das Verkleinern der Schrittweite.

Achten Sie darauf, dass Sie sich von Anfang an auf ein Kriterium konzentrieren, damit der Hund die Übung schneller versteht. Wählen Sie zum Aufbau des Signals einen Zeitpunkt auf dem Rückweg des Spaziergangs aus. Ihr Hund sollte bereits überschüssige Energien abgebaut haben.

Probieren Sie aus, in welchen Situationen Ihr Hund von sich aus in eine langsamere Gangart wechselt. Geben Sie dabei das Signal zum Langsamer werden.

Durch häufige Wiederholungen kann der Hund seine Handlung mit dem Signal verknüpfen. Geben Sie das Signal nun, wenn die Wahrscheinlichkeit groß ist, dass er demnächst die Gangart wechselt. Funktioniert es, testen Sie das Signal in anderen Situationen.

Fällt Ihnen keine Situation ein, in der das möglich wäre, stellen Sie die Situation künstlich, indem Sie mit Ihrem Hund an der Leine schnell laufen und dann selbst langsamer werden. Ihr Hund wird ebenfalls langsamer laufen und Sie können den Übergang in die andere Gangart mit dem Signal begleiten und klicken.

Eine zweite Möglichkeit ist, dass Sie das Signal ruhig und gedehnt aussprechen, also „Laaaaangsaaaameeeer!", wenn Ihr Hund vor Ihnen her trabt.

Natürlich kann Ihr Hund noch nicht wissen, was das Wort langsamer an sich bedeutet. Die Ansprache an sich und die Aussprache sind die wichtigen Aspekte. Ihr Hund wird daraufhin wahrscheinlich kurz stutzen und langsamer laufen, weil er wissen möchte, was Sie meinen. Diesen Gangartwechsel können Sie klicken.

Nach etlichen Wiederholungen wird Ihr Hund die Bedeutung von „Langsamer!" verstehen lernen.

Wenn Ihr Hund nicht auf das „Langsamer!" reagiert, dann setzen Sie den Namen Ihres Hundes davor, also „Struppi laaaaangsaaaameeeer!".

Egal welche Variante Sie für den Aufbau gewählt haben; nun ist es wichtig mit Hilfe des Zeitfenstertrainings (Seite 34) die Dauer des langsameren Laufens zu erhöhen. Zögern Sie den Klick nun Schritt für Schritt hinaus, bis Ihr Hund die gewünschte Schrittzahl oder Zeit in der langsameren Gangart läuft

Kurzanleitung a:

1a *Finden oder stellen Sie eine Situation, in der Ihr Hund in eine langsamere Gangart wechselt.*

1b *Geben Sie das Hörzeichen „Langsamer!" (evtl. mit Hundenamen davor).*

2 *Klicken Sie den Gangartwechsel Ihres Hundes.*

3 *Wiederholen Sie erstens und zweitens etliche Male.*

4 *Geben Sie im Moment des Gangartwechsels das Hörzeichen „Langsamer!".*

5 *Zögern Sie den Klick nach dem Gangartwechsel immer weiter nach hinten hinaus.*

Das Signal „Raus da!"

Hunde können verschiedene Bodenbeläge erkennen und unterscheiden. Das Signal „Raus da!" soll für den Hund bedeuten, dass er den derzeitigen Bodenbelag verlässt.

Wenn der Weg beispielsweise aus feinem Schotter besteht und sich links und rechts vom Weg eine Wiese befindet, dann kann der Hund lernen auf „Raus da!" von der linken Wiese auf den Weg zu wechseln. Wenn der Hund sich gerade auf dem Weg befindet, soll er auf „Raus da!" den Weg verlassen und je nach Sichtzeichen auf die rechts oder links liegende Wiese wechseln.

Diese Übung ist sinnvoll, wenn zum Beispiel Fahrradfahrer auf dem Weg entgegen kommen und der Hund genau auf sie zu trabt. In manchen Spaziergehgebieten macht es Sinn, dass der Hund nur eine Seite neben dem Weg zum Schnüffeln nutzt, weil sich auf der anderen Seite des Weges ein Waldrand mit verlockenden Düften o.ä. befindet.

In Essen gibt es ein Spaziergehgebiet, in dem auf der linken Seite vom Weg ein Biotop mit vielen geschützten Vogelarten ist und auf der rechten Seite des Weges ein unbenutztes Feld und ein paar Brombeerbüsche. Von Anfang an folgte auf das Abdriften der Hündin Eika Richtung Biotop das Signal „Raus da!" (sie kannte es bereits). Das Verlassen der linken Seite wurde mit Klick und Leckerchen belohnt. Jeder Versuch etwas auf der linken Wegseite zu stöbern, wurde mit einem „Raus da!" unterbrochen. Recht schnell hatte Eika begriffen, dass diese Wegseite für sie tabu ist. Sie benutzt von sich aus die rechte Wegseite. Ganz selten probiert sie doch noch mal, ob sie auf der linken Wegseite laufen darf. Dann kommt das „Raus da!" und sie geht wieder auf die andere Wegseite hinüber.

Nutzen Sie für den Aufbau des „Raus da!" ein Spaziergehgebiet, wo der Weg und die Seiten jenseits vom Weg sich deutlich im Bodenbelag unterscheiden. Suchen Sie sich eine Seite aus, die Ihr Hund verlassen soll.

Sobald Ihr Hund auf dieser Seite ein paar Meter vor Ihnen entfernt herläuft, rufen Sie mit hoher und motivierender Stimme „Raus da!". Weisen Sie gleichzeitig mit Ihrem Arm auf die erwünschte Seite und machen Sie eine deutliche körperbetonte Wendung zur erwünschten Seite hin, so dass Ihr Hund Ihnen folgt. Klicken Sie in dem Moment, in dem der Hund von der Seite auf den Weg wechselt. Werfen Sie die Belohnung auf die erwünschte Seite neben dem Weg. Wiederholen Sie den Übungsaufbau etliche Male. Wenn Ihr Hund unter diverser Ablenkung auf „Raus da!" sofort die Wegseite verlässt, dann können Sie beginnen Klick und Belohnung mittels variabler Verstärkung zu verringern.

Sollte Ihr Hund nicht auf das „Raus da!" und Ihre Körperbewegungen reagieren, setzen Sie seinen Namen davor, um ihn aufmerksam zu machen, also „Bello, raus da!".

Funktioniert auch das nicht, hindern Sie Ihren Hund mit der Schleppleine am Weitergehen und Schnüffeln, indem Sie einfach mit der Leine in der Hand bzw. dem Fuß auf dem Schleppleinenende stehen bleiben. Warten Sie so lange, bis Ihr Hund – zufällig - die Seite verlässt und auf den Weg wechselt. Dafür gibt es Klick & Belohnung.

Klappt es auch mit dem Stehen bleiben nicht, kann es sein, dass Ihr Hund zum Zeitpunkt des Übungsaufbaus durch Spuren abgelenkt war. Probieren Sie in diesem Fall ein anderes Spaziergehgebiet für den Übungsaufbau aus.

Wenn Sie möchten, dass Ihr Hund eine Seite neben dem Weg ab jetzt nie mehr benutzt, dann geben Sie IMMER das Signal „Raus da!", sobald er die unerwünschte Seite betritt. Sie machen die unerwünschte Seite zu einer Tabuzone. Das klappt am schnellsten und besten in Gebieten, die Ihr Hund bisher noch nicht kennt, also wo er es noch nicht gewohnt ist, auf der unerwünschten Seite zu laufen.

Beachten Sie dabei, dass Sie nicht alle Wegseiten zu Tabuzonen erklären können. Das wäre zwar eine geniale Lösung, klappt in der Praxis aber leider nicht. Denn auch Ihr Hund benötigt Freiräume, wo er schnüffeln, stöbern, rennen und toben darf.

Kurzanleitung:

1 *Gehen sie an einem Ort mit verschiedenem Bodenbelag spazieren.*
2 *Sobald ihr Hund auf dem „falschen" Belag ist, geben Sie das Signal „Raus da!" und locken ihn mit Gesten etc. weg.*
3 *Klicken Sie, sobald er den „falschen" Bodenbelag verlässt.*
4 *Werfen Sie die Belohnung nach dem Klick auf den „richtigen" Bodenbelag.*
5 *Wiederholen Sie 1. bis 4. etliche Male unter verschiedener Ablenkung in verschiedenen Spaziergehgebieten.*

Durchhalten!

Das Schleppleinentraining kann besonders in den Anfängen für Mensch und Hund sehr frustrierend sein. Es wird Tage geben, wo scheinbar alles wie am Schnürchen klappt, und am nächsten Tag würden Sie Ihren Hund am liebsten auf den Mond schießen. Ist es das Wetter? Ist die Welt für die Hundenase im nassen Zustand interessanter? Hat Ihr Hund einfach einen schlechten Tag? Haben Sie einen schlechten Tag? Warum auch immer es an diesem Tag schlechter geklappt hat, am nächsten wird es wieder besser gelingen.

Sie werden sich vielleicht denken, dass Sie nie wieder einen Hund dieser Rasse haben möchten bzw. einen Mischling aus diesen Rassen. Sobald Sie zu Hause sind, werden Sie wahrscheinlich wieder mal feststellen, dass Ihr Hund eigentlich ein Traumhund ist, ... wäre da nicht dieses verflixte Jagdproblem! Dafür schätzen Sie seine vielen guten Eigenschaften.

Vielleicht ist Ihr Hund besonders freundlich im Umgang mit anderen Menschen und Hunden, im Haus ruhig und verschmust, sportlich, intelligent, anmutig und vieles mehr. Lassen Sie die vielen guten Eigenschaften vom Jagdproblem nicht in den Schatten stellen!

Das Jagen zählt zu den meist verbreiteten Problemen zwischen Menschen und ihren Hunden. Das entsprechende Training dauert meist lange und erfordert sehr viel Konsequenz. Sie müssen auch an Tagen konsequent sein, an denen es Ihnen schlecht geht. Wenn dann noch Ihr Hund am anderen Ende der Schleppleine steht und sich weigert, auf Ihr „Komm!“ - Signal zu reagieren, dann liegen die Nerven verständlicherweise blank. Doch es lohnt sich weiter zu machen! Sie werden feststellen, dass Ihr Hund mit Hilfe des Schleppleinentrainings überdurchschnittlich gut auf Ihre Signale reagiert, auch wenn nicht alles hundertprozentig klappen sollte.

Sie werden bald den Punkt erreichen, an dem Sie die Früchte Ihres Schleppleinentrainings ernten werden. Aus Ihrem schlecht ansprechbaren Hund wird ein Hund, der auf Ihre Signale zuverlässig und gerne reagiert.

In diesem Sinne: Halten Sie durch!!!

„Man kann nicht gegen See und Wellen anarbeiten. Wenn man in einen Sturm kommt, muss man ihn „abwettern" – ihn also annehmen und das Beste daraus machen."

(Dr. Jan Uwe Rogge)

III Basistraining

Im folgenden Teil des Buches stellen wir detailliert nützliche Basisübungen des Antijagdtrainings vor. Diese Übungen werden parallel zum Schleppleinentraining trainiert und dienen dazu, die Wichtigkeit des Menschen als Ressource zu erhöhen und die Reaktivität des Hundes besser zu kontrollieren.

Jagen ist ein komplexes Verhalten und die Kontrollierbarkeit fußt auch auf Komponenten, die nicht direkt etwas mit dem Jagen zu tun haben müssen.

Die wenigsten Hunde ziehen Motivation, die der Mensch bieten kann, dem Jagen vor. Aber die meisten Hunde möchten ihre Menschen nicht verlieren. Die Wichtigkeit des Menschen plus die Freude an der Arbeit mit ihm ist eine große Motivation, die man einsetzen kann, um den Hund länger und häufiger in der Menschenwelt zu halten. Orientierungstraining verbindet diese beiden Faktoren.

Jagen ist unter anderem vor allem eine Reaktion auf bestimmte Reize. Je heftiger ein Hund auf diese Reize reagiert, desto stärker ausgeprägt ist sein Jagdverhalten. Sehr reaktive Hunde reagieren nicht nur bei Wildsichtung oder frischen Spuren, sondern zeigen auch in anderen Lebenssituationen impulsives Verhalten.

Impulskontrolle kann dazu dienen, dass der Hund diese schnelle Erregbarkeit besser kontrollieren kann.

All diese Übungen bereiten Hund und Mensch darauf vor, dass es im Ernstfall klappt. Erst wenn der Hund freiwillig mitarbeitet und der Mensch aufmerksam und rücksichtsvoll mit seinem Hund leben kann, werden auch solch schwierige Probleme zu lösen sein.

Einen Überblick über die Einzelübungen, sowie die Einordnung in einen Trainingsplan finden Sie im Anhang dieses Buches.

Orientierungsübungen

Orientierungsübungen sind Übungen, die Ihrem Hund vermitteln, auf Sie zu achten. Hunde, die sich am Halter orientieren, sind leichter zu kontrollieren als Hunde, die immer selbst entscheiden, was sie tun.

Regelmäßiges Umschauen nach Frauchen und Herrchen bietet sowohl dem Menschen als auch dem Hund Vorteile. Für Ihren Hund ist es wichtig, keinen Richtungs- oder Wegwechsel Ihrerseits zu verpassen. Er wird desweiteren im Rahmen des AJT lernen, dass sich Blickkontakt für ihn lohnt, weil Sie diesen belohnen. Auch Sichtzeichen verpasst Ihr Hund nicht, wenn er sich regelmäßig umschaut.

Für Sie ist der Blickkontakt Ihres Hundes wichtig, weil er im Moment seines Rückblickens sein Tun aktiv unterbricht. Er ist sozusagen gedanklich bei Ihnen. Seine Aufmerksamkeit und Konzentration richten sich im Moment des Blickkontaktes auf Sie. Das bedeutet gleichzeitig, dass Ihr Hund sich nicht ununterbrochen auf Wildspuren und –sichtung konzentriert.

Hunde können lernen, dass sich das Umschauen zum Menschen immer lohnt. Je mehr Ihr Hund das verinnerlicht hat, umso größer ist die Chance, dass er in verschiedenen Situationen zu Ihnen schaut, um mit Ihnen - vermenschlicht gesagt - Rücksprache zu halten. Das gilt besonders für Situationen, in denen Ihr Hund vor einer Entscheidung steht.

Grundsätzlich gilt: Je mehr Sie Ihren Hund für den Rück-Blick bestärken, umso öfter wird er es tun. Mit Bestärkung ist nicht immer ein Leckerchen oder ein Spielzeug gemeint. Ein kurzes freundliches Wort reicht manchmal im vorangeschrittenen Training aus.

Viele Menschen übersehen anfangs die regelmäßigen Rück-Blicke ihres Hundes. Wenn keine Reaktion auf das Umschauen erfolgt, dann wird der Hund immer seltener zurückblicken und sich immer mehr anderen Dingen widmen und zum Beispiel eine Spur suchen.

Manche Hundebesitzer und sogar manche Hundetrainer behaupten, dass die Anzahl der Kontaktaufnahmen einen Rückschluss über die Bindung vom Hund zum Menschen zulässt. Dabei wird jede Hunderasse und deren Mischlinge, sowie die jeweiligen Vorgeschichten de Hunde in einen Topf geworfen.

Als klassisches Beispiel dienen die Hirten- und Hütehundrassen wie zum Beispiel der Deutsche Schäferhund. Wer mit einem Hund dieser Rasse spazieren geht, stellt fest, dass diese Hunde von sich aus einen gewissen Radius einhalten, ständig zurückblicken und eventuell sogar Kreise um ihre Menschen ziehen.

Dass der Zusammenhang zwischen Anzahl der Rück-Blicke und Bindung nicht stimmen kann, zeigt der Fall einer Frau, die sich eine Deutsch Langhaarschäferhündin aus dem Berliner Tierheim holte. Die Hündin wurde an sie vermittelt und durfte ihren ersten Spaziergang mit ihrer neuen Besitzerin und zwei weiteren Hunden erleben. Nach zehn Minuten wurde die Schäferhündin abgeleint. Sie zeigte genau dieses intensive Zurückblicken, wie beschrieben. Hatte sie während der Autofahrt und der zehn Minuten Spaziergang tatsächlich so eine starke Bindung aufgebaut?

Jeder Besitzer einer Jagdhundrasse wird ein Lied davon singen können, was seinem Hund schon alles unterstellt wurde. Das führt von schlechter Bindung bis hin zum extrem dominanten Hund. Auf die Idee, dass Jagdhundrassen dafür gezüchtet wurden, auch in großer Entfernung zum Jäger selbstständig zu arbeiten, kommt selten jemand.

Egal, ob Ihr Hund das Zurückblicken verlernt hat, ob er schlecht auf Menschen geprägt wurde, ob er zu einer wenig blickkontaktfreudigen Rasse gehört oder warum auch immer er wenig bis gar nicht zu Ihnen zurückschaut auf den Spaziergängen - dieser Zustand lässt sich ändern!

Messen Sie dabei Ihre Erfolge nicht an anderen Hunden, auch nicht an denen derselben Rasse.

Damit Sie beim Training Ihren Erfolg einschätzen können, zählen Sie auf dem nächsten Spaziergang, wie oft Ihr Hund tatsächlich ohne Aufforderung zu Ihnen zurückschaut. Wiederholen Sie die Zählung noch vier Mal in diesem Gebiet und auch in anderen Gebieten. Daran können Sie auch erkennen, in welchem Gebiet Ihr Hund mehr abgelenkt ist. Je weniger Ihr Hund ohne Aufforderung zu Ihnen zurück geschaut hat, umso abgelenkter war er.

Tragen Sie die Ergebnisse in die Tabelle zum Blickkontakt im Anhang dieses Buches ein und vergleichen Sie diese nach einem Monat Üben im selben Spaziergehgebiet.

Rück-Blicke einfangen

Gehen Sie wie üblich mit Ihrem Hund spazieren. Vergessen Sie nicht, beliebte Bestärkungen, wie zum Beispiel gekochte Hühnerherzen, Käse oder Fleischwurst mitzunehmen.

Halten Sie den Klicker bereit. Eventuell binden Sie an seine Öse ein Haargummi, so dass Sie den Klicker am Handgelenk immer griffbereit haben.

Achten Sie auf Ihren Hund. Fangen Sie jeden Blick des Hundes mit dem Klicker ein. Das bedeutet, dass Sie in dem Moment klicken, in dem Ihr Hund in Ihre Richtung schaut. Falls Sie den Klicker gerade nicht griffbereit haben, dann loben Sie Ihren Hund zumindest verbal, sobald er Sie anschaut.

Wenn Ihr Hund sich seinen Bestärker nicht abholen kommt, dann achten Sie darauf, ob sich das Zurückschauen trotzdem verbessert. Das kann vorkommen, wenn der Hund sich nach dem Klick durch Schnüffeln selbst belohnt. Wird es nicht besser, dann klicken Sie den Rück-Blick nur, wenn Ihr Hund sehr nah bei Ihnen ist und sichtlich noch nicht sehr abgelenkt. Denken Sie auch über einen Wechsel der Belohnung nach.

Bedenken Sie, dass das Gesichtsfeld Ihres Hundes einen Winkel von ca. 240° umfasst. Der Mensch hat im Vergleich dazu ca. 200°. Das bedeutet, dass Ihr Hund nicht so stark wie ein Mensch den Kopf drehen muss, um Sie zu sehen. Wenn Ihr Hund also zu denen zählt, die so gut wie nie Blickkontakt zum Menschen suchen, dann klicken Sie anfangs schon bei der kleinsten Kopfdrehung. Erst später erhöhen Sie die Anforderungen und warten, bis Ihr Hund Sie direkt anschaut.

Beim Zählen der freiwilligen Rück-Blicke werden Sie vielleicht festgestellt haben, dass Ihr Hund relativ wenig ohne Signal zurückschaut.

Je öfter Sie seinen freiwilligen Rück-Blick mit dem Klicker einfangen, umso häufiger wird er ihn nun zeigen.

Leinenübung

Wenn Ihr Hund sich selten bis gar nicht umschaut, dann kann Ihnen diese Übung helfen, dem Hund noch deutlicher zu machen, um was es geht.

Wählen Sie ein beliebiges Spaziergehgebiet und einen Moment ohne große Ablenkung.

Leinen Sie Ihren Hund an einer etwa zwei Meter langen Leine an.

Bleiben Sie einfach mit lockerer Leine und einsatzbereitem Klicker stehen. Ihr Hund wird wahrscheinlich in die Gegend schauen, eventuell Witterungen in der Luft aufnehmen u.ä.

Irgendwann wird er sich zu Ihnen umschauen. Das bedeutet Klick und Bestärker.

Bleiben Sie erneut regungslos stehen. Wahrscheinlich wird Ihr Hund schon etwas schneller zu Ihnen schauen. Bestärken Sie den Rück-Blick.

Machen Sie die Übung ca. eine Minute, und setzen Sie dann wie gewohnt Ihren Spaziergang fort.

Wenn die Übung bei wenig Ablenkung gut klappt, Ihr Hund ca. sechs Rück-Blicke pro Minute anbietet, dann steigern Sie die Ablenkung für diese Übung schrittweise anhand Ihrer Generalisierungsskala.

Sie können außerdem die Entfernung zwischen sich und dem Hund vergrößern, indem Sie dieselbe Übung an der Schleppleine machen.

Kurzanleitung:

1 *Mit angeleintem Hund stehen bleiben*
2 *Ohne Locken still abwarten*
3 *Jeden Rück-Blick des Hundes klicken und belohnen*

Im Zeitrahmen („Schade!“-Übung)

Die nachfolgend beschriebene Variante eignet sich besonders für Situationen mit hohem Ablenkungsgrad.

Binden Sie Ihren Hund in ablenkungsreicher Umgebung an einem Baum, Pfahl oder ähnlich stabilem Gegenstand mit einer kurzen Leine fest oder lassen Sie ihn von einer Hilfsperson an der Leine halten.

Stellen Sie sich neben Ihren Hund und warten Sie maximal 30 Sekunden ab.

Wenn Ihr Hund innerhalb dieser 30 Sekunden Blickkontakt zu Ihnen aufnimmt, klicken Sie dies.

Beginnen Sie nach dem Klick wieder bis 30 zu zählen. Schaut Ihr Hund innerhalb der 30 Sekunden zu Ihnen, bestärken Sie den Blick erneut.

Hat Ihr Hund fünf Mal hintereinander jeweils im Zeitrahmen der 30 Sekunden zu Ihnen geschaut, dann senken Sie die Sekundenzahl auf 20 Sekunden, danach auf 15, dann auf zehn Sekunden.

Irgendwann kommen Sie an den Punkt, an dem Ihr Hund **nicht** innerhalb des gesetzten Zeitrahmens zu Ihnen Blickkontakt aufgenommen hat.

Kennzeichnen Sie das Ende des Zeitrahmens mit einem „Schade!“, „Upps“ oder „Pech gehabt!“. Sprechen Sie die Wörter entsprechend Ihrer Bedeutung aus, also sehr bedauernd. Entfernen Sie sich gleichzeitig etwa zehn Meter von Ihrem Hund.

Sobald er zu Ihnen schaut, gehen Sie wieder zu Ihm zurück. Belohnen Sie ihn jedoch nicht, denn Ihr Zurückkommen an sich ist eine ausreichende Belohnung für den Moment und unterbricht die Konzentration nicht so stark.

Beginnen Sie von neuem zu zählen. Wenn Ihr Hund zu Ihnen schaut bekommt er einen Klick und eine Belohnung. Wenn er im von Ihnen gesetzten Zeitrahmen keinen Blickkontakt sucht, sagen Sie Ihr „Schade!“ bzw. das genutzte Signal und entfernen sich wieder zehn Schritte. Sobald er zu Ihnen schaut, gehen Sie wieder zurück.

Überprüfen Sie Ihren gesetzten Zeitrahmen, ob er zu der Ablenkung passt. Wenn Sie wie am Fließband klicken, weil Ihr Hund ständig zu Ihnen schaut, dann können Sie die Ablenkung erhöhen. Müssen Sie hingegen ständig von Ihrem Hund weggehen, dann ist Ihr Zeitrahmen für die vorherrschende Ablenkung eindeutig zu klein. Achten Sie also auf ein ausgewogenes Maß zwischen Klicks und „Schade!“.

Diese Variante bietet sich an, sie nach Lust und Gelegenheit zusätzlich zu den anderen Varianten ins Training einzubauen.

Das „Schade!“ wird zu dem Signal „Frauchen oder Herrchen gehen weg“. Dieses Signal kann auch für andere Trainingsbereiche sehr nützlich sein. Es wird beim Training des „Komm!“ (Seite 132) noch einmal aufgegriffen.

Kurzanleitung

1 *Hund anbinden*
2 *Zeitrahmen (zu Beginn 30 Sekunden) auswählen und beginnen zu zählen*
a *Der Hund nimmt innerhalb des Zeitrahmens Blickkontakt auf*
= Klick und Belohnung, Neubeginn, Sekunden zählen
b *Der Hund nimmt keinen Blickkontakt im Zeitrahmen auf*
= „Schade!“ und ca. 10 Meter weg gehen
Wiederkommen, wenn Hund auf Entfernung Blickkontakt aufnimmt
Nicht belohnen, Neubeginn, Sekunden zählen
3 *Ablenkung erhöhen oder Zeitrahmen verringern*

Blickkontakt unter Signal

Sie haben sicherlich bemerkt, dass bis jetzt nie mit einem Signal für das Anschauen gearbeitet wurde. Das ist ein wichtiges Element dieser Trainingsweise. Der Hund soll nicht Befehle ausführen, sondern von sich aus wichtige Dinge anbieten, wie zum Beispiel den Blickkontakt. Das garantiert Ihnen, dass Ihr Hund auch in unaufmerksamen Momenten Ihrerseits in Ihrem Sinne reagiert. Er weiß, was er in der entsprechenden Situation tun kann.

Trotzdem kann es sinnvoll sein, nicht zuletzt für solche Hunde, die nur selten zurückschauen, ein Signal zu geben, wenn der Blickkontakt erwünscht wird. Diesen Blickkontakt auf Signal können Sie zudem genauso generalisieren, wie das „Komm!“ - Signal.

Bringen Sie Ihrem Hund das Anschauen folgendermaßen in ablenkungsarmer Umgebung bei:

Halten Sie eine Schale mit Leckerchen griffbereit. Stellen Sie sich mit dem Klicker in der Hand hin und warten Sie, bis Ihr Hund zu Ihnen schaut. Für jeden Blick ins Gesicht gibt es im gleichen Moment einen Klick und danach ein Leckerchen.

Machen Sie nach etwa einer Minute eine Pause und wiederholen Sie die Übung zum späteren Zeitpunkt noch einmal.

Wenn Ihr Hund nach dem Fressen des Leckerchens sofort wieder in Ihr Gesicht blickt, können Sie die Übung etwa schwieriger gestalten.

Stellen Sie sich dazu seitlich zum Hund hin. Um Ihnen ins Gesicht blicken zu können, muss er ebenfalls seitwärts gehen. Als weiteren Schwierigkeitsgrad können Sie sich mit dem Rücken zum Hund stellen. Wenn Ihr Hund sich dann so bewegt, dass er Ihnen wieder ins Gesicht schauen kann, hat er die Blickkontaktübung verstanden.

Alternativ können Sie das Leckerchen seitlich von sich weg nach oben halten und warten, bis der Hund in Ihr Gesicht schaut.

Überlegen Sie sich ein entsprechendes Hörzeichen, zum Beispiel „Guck (mal)!“, „Schau (mal)!“, „Look!“, „Watch (me)!“ oder ähnlich.

Sagen Sie in dem Moment, in dem Ihr Hund zu Ihnen sieht, Ihr Hörzeichen, klicken dann und geben das Leckerchen.

Wiederholen Sie die Übung etliche Male an verschiedenen Orten. Testen Sie, ob Ihr Hund bereits Ihr Hörzeichen verknüpft hat, indem Sie ohne den Kontext der Übungssituation Ihr Hörzeichen geben. Wenn Ihr Hund Ihnen daraufhin ins Gesicht blickt, hat er das Signal mit dem Blickkontakt zu Ihnen verknüpft.

Sollte Ihr Hund auf den Spaziergängen wirklich nicht zurückblicken und auch die anderen bereits beschriebenen Varianten bringen keine Besserung, dann wählen Sie eine ablenkungsarme Situation. Geben das Signal für den Blickkontakt in hohem freundlichem Ton. Schaut Ihr Hund zu Ihnen, um zu sehen, was Sie von ihm wollen, klicken und belohnen Sie ihn.

Wiederholen Sie die Übung anfangs häufig. Ihr Hund wird dann zwischendurch auch ohne Signal Blickkontakt anbieten, denn er merkt, dass sich ein Rück-Blick für ihn lohnt.

Solche Blickkontakte müssen Sie unbedingt mit dem Klicker einfangen. Gehen Sie nun über zu den vorher beschriebenen Varianten.

Denken Sie daran, Ihre Bestärkung kreativ einzusetzen. Also lassen Sie Ihren Hund das Leckerchen nach dem Klick einmal suchen, dann werfen Sie es ihm ein anderes Mal entgegen usw.

Damit werten Sie das Leckerchen als Belohnung auf. Futter an sich ist gut, bewegtes Futter noch besser.

Wenn die Anzahl der freiwilligen Rück-Blicke Ihres Hundes deutlich angestiegen ist, dann gehen Sie zur variablen Verstärkung über. Klicken Sie nicht mehr jeden Rück-Blick, sondern nur noch solche, die unter gesteigerter Ablenkung vom Hund angeboten wurden. Das ist ein wichtiger Prozess, da Sie in Zukunft sicherlich auch spazieren gehen und nicht so intensiv auf Ihren Hund achten können oder möchten. Wenn Sie dann plötzlich aufhören, den freiwilligen Rück-Blick zu klicken, würde Ihr Hund sich schnell wieder anderen Dingen widmen.

Was Sie immer tun sollten, ist, jeden Rück-Blick kurz verbal zu belohnen. Das ist für Ihren Hund der Hinweis, dass er dieses Verhalten weiter zeigen soll.

Sollte der Fall eintreten, dass Ihr Hund im wahrsten Sinne des Wortes die Augen nicht mehr von Ihnen lassen kann, dann loben Sie die Rück-Blicke nur noch verbal. Das tun Sie so lange bis die Rück-Blicke sich auf das gewünschte Maß reduziert haben.

Kurzanleitung a:

1 *Nehmen Sie Klicker und Leckerchen zur Hand.*
2 *Klicken Sie jeden Blick in Ihr Gesicht.*
3 *Bauen Sie Schwierigkeitsgrade ein (seitlich und mit dem Rücken zum Hund stehen).*
4 *Geben Sie ein Hörzeichen kurz bevor der Hund zu Ihnen schaut.*
5 *Üben Sie an verschiedenen Orten.*
6 *Testen Sie, ob Ihr Hund das Hörzeichen mit dem Blickkontakt verknüpft hat.*

Kurzanleitung b:

1 *Halten Sie ein Leckerchen seitlich weggestreckt von Ihrem Kopf.*
2 *Klicken Sie, wenn der Hund seinen Kopf in Ihre Richtung wendet.*
3 *Fügen Sie ein Signal hinzu, sobald Sie sicher sind, dass Ihr Hund diese Übung ausführen wird.*

Versecktraining

Als Hundehalterin oder Hundehalter sind Sie für Ihren Hund die lebenswichtigste Ressource. Denn Sie geben Ihrem Hund Futter und Wasser, bieten ihm Sicherheit, einen ruhigen Schlafplatz und Sozialkontakt mit Spiel und Schmusen.

Der Hund möchte grundsätzlich in Ihrer Nähe sein, Sie nicht verlieren. Vielleicht müssen Sie lachen, wenn Sie diesen Satz lesen? Dann gehört Ihr Hund wahrscheinlich zu denjenigen, die stundenlang jagen gehen, ohne Sie auch nur im Geringsten zu vermissen.

Ihr Hund befindet sich jedoch während eines Jagdausflugs in einer anderen Welt. Er hält sich in der Welt der Gerüche auf, wo es nur ihn und das Wild gibt. Auch Hunden mit Verlassensängsten macht es während des Jagens erfahrungsgemäß nichts aus, von ihren Menschen getrennt zu sein.

Sobald Ihr Hund allerdings wieder in der „Menschenwelt“ ist, ist er darauf bedacht, keinen Weg- oder Richtungswechsel von Ihnen zu verpassen.

Es gibt für Ihren Hund Momente, wo er Sie ausblendet, sei es, weil er mit einem Artgenossen spielt oder Nachbars Katze jagt. Doch wenn dieser - manchmal lang andauernde - Moment vorbei ist, hat er das Bestreben, zu Ihnen zurück zu kehren.

Sie können dieses Begehren mit Hilfe des Versecktrainings intensivieren. Ähnlich wie im menschlichen Miteinander wird Ihrem Hund Ihre Wichtigkeit erst richtig bewusst, wenn Sie einmal nicht da sind.

Das Verstecken können Sie in den alltäglichen Spaziergang einbeziehen.

Wählen Sie ein Spaziergehgebiet, in dem sich Ihr Hund von Ihnen entfernen kann, ohne dass Sie sich Sorgen machen müssen. Also ein Gebiet ohne nahe gelegene Straßen, schießwütige Jäger, Nachbars freilaufende Hühner, Futterstellen für Wild oder andere unerwünschte Faktoren. Es müssen Büsche oder Bäume vorhanden sein, hinter denen Sie sich verstecken können. Gehen Sie wie üblich spazieren, bis Ihr Hund seine ersten Energien ausgelebt hat.

Lassen Sie Ihren Hund ein Stück vorlaufen (ca. 20 Meter) und verstecken Sie sich am Wegrand. Rufen Sie nicht! Es kann sein, dass Ihr Hund einige Hundert Meter weiter läuft, ohne zu merken, dass Sie ihm nicht folgen. Haben Sie etwas Geduld.

Irgendwann wird er sich zufällig nach Ihnen umschauen oder bemerken, dass er kein Geräusch von Ihnen hört. Nun wird er Sie mehr oder weniger ängstlich suchen. Geben Sie ihm noch immer keinen Hinweis durch Rufen oder verräterische Bewegungen.

Wenn Ihr Hund Sie gefunden hat, dann freuen Sie sich kurz verbal und gehen weiter. Merken Sie aber, dass Ihr Hund panisch reagiert, dann geben Sie ihm einen Hinweis durch ein kurzes Rufen seines Namens. Bleiben Sie trotzdem vorläufig in Ihrem Versteck. Entscheiden Sie nach Ihrem Gefühl, ob es nötig ist, aus Ihrem Versteck herauszutreten.

Finden Sie kein entsprechendes Übungsgebiet, dann können Sie die am Wegrand stehenden Bäume und Büsche und eine Schleppleine nutzen.

Stellen Sie sich in einem Moment, wo der Hund unaufmerksam ist, hinter einen Baum. Halten Sie dabei einfach die Schleppleine in der Hand und warten Sie kommentarlos ab.

Oder lassen Sie eine Hilfsperson die Schleppleine nehmen. Die Hilfsperson soll hinter Ihrem Hund hergehen, ohne ihn zu beeinflussen oder auf Ihre Abwesenheit aufmerksam zu machen.

Sollte Ihr Hund auch nach 50 Metern nichts bemerken, kann die Hilfsperson kommentarlos stehen bleiben. Diese Variante ist für den Hund am schwierigsten, da er keinen Hinweis durch fehlende Schrittgeräusche bekommt.

Eine andere Variante ist, dass die Hilfsperson Ihren Hund durch Futter, Spielzeug, einen kleinen Sprint u.ä. ablenkt. Sie nutzen diesen Moment und verschwinden hinter dem nächsten Baum oder Gebüsch. Die Hilfsperson stellt ihre ablenkende Tätigkeit ein. Ihr Hund wird Sie daraufhin suchen. Nach einigen Wiederholungen wird er sich nur noch kurz oder sogar gar nicht mehr von der Hilfsperson ablenken lassen. Er hat begriffen, dass Sie verschwinden, wenn er unaufmerksam ist.

Seien Sie nicht sparsam mit Ihren Versteckübungen. Verstecken Sie sich immer, wenn Ihr Hund besonders wenig auf Sie achtet. Er wird schnell lernen, dass er sich regelmäßig umschauen muss, sonst kann es sein, dass sein Frauchen oder Herrchen wie vom Erdboden verschluckt ist.

Gerade am Anfang des Spaziergangs ist ein solches Versteckspiel sinnvoll, wenn Ihr Hund es schon kennt. Er gerät dadurch automatisch in den Modus „Ausschau nach Frauchen/Herrchen halten". Ein willkommener Nebeneffekt ist, dass der Hund die Möglichkeit hat, erste Energien mit schnellem Laufen und Suchen abzubauen.

Das Suchen ist eine Form von Nasenarbeit. Statt nach Wildspuren zu suchen, setzt Ihr Hund gezielt seine Nase ein, um Sie zu finden.

Der wichtigste Sinn Ihres Hundes ist in diesem Moment auf Sie gerichtet. Das ist ein weiterer Pluspunkt des Versteckttrainings. Sie können das Versteckttraining beliebig erweitern, indem Sie das Gelände wechseln, größere Strecken und schwierigere Verstecke wählen oder nach anderen Personen, zum Beispiel Ihren Kindern, suchen lassen.

Wenn Sie merken, dass Ihr Vierbeiner und Sie besonders viel Spaß daran haben, dann ist es eine Überlegung wert, Ihren Hund hobbymäßig in der Kategorie „Mantrailing“ (Spurensuche) auszubilden. Weiterführende Literatur zum Thema Nasenarbeit finden Sie in der Literaturliste dieses Buches.

Sie können diese Art des Orientierungstrainings parallel zu den anderen Trainingsvarianten nutzen. In der Praxis hat es sich bewährt, sich auf jedem Spaziergang einige Male zu verstecken und etwa einmal in der Woche einen Spaziergang besonders intensiv zum Verstecken zu nutzen. Wenn Ihr Hund verstanden hat, dass die Konsequenz auf seine Unachtsamkeit Ihre Abwesenheit ist, dann können Sie das Verstecken variabel gestalten. Sie verstecken sich also nicht mehr auf jedem Spaziergang, sondern zur Auffrischung des Gelernten nur noch ab und zu.

Magyar Viszla Johnny drehte den Spieß allerdings um. Nachdem Frauchen sich einige Mal versteckt hatte und beide sichtlich Spaß am Wiederfinden hatten, war Johnny plötzlich verschwunden. Laut rufend ging Frauchen den Weg zurück. Plötzlich schaute eine braune Hundeschnauze hinter einem Baum hervor und schien sich diebisch zu freuen. Von nun an wechselten sich Besitzer und Hund beim Verstecken ab und Johnny hat noch immer viel Spaß beim Beobachten seiner Besitzer, wenn diese hinter die Bäume schauen.

Versteckttraining fördert die Orientierungsfähigkeit Ihres Hundes. Er wird durch etliche Wiederholungen lernen, seine Sinne besser zum Wiederfinden zu nutzen und sich insgesamt stärker darauf konzentrieren, Sie gar nicht erst zu verlieren. Dadurch wird er aufmerksamer und ansprechbarer sein.

Dies hilft ihm auch, besser zurückzufinden, wenn er mal verloren gegangen sein sollte.

Kurzanleitung:

1 *Halten sie die SL in der Hand oder übergeben Sie sie einer Hilfsperson.*
2 *Stellen Sie sich kommentarlos hinter die nächste Versteckmöglichkeit.*
3 *Wenn Ihr Hund Sie gefunden hat, freuen Sie sich mit ihm.*

Weg-/Richtungswechsel

Weg- und Richtungswechsel sind eine andere Variante des Versteckens. Diese Art des Trainings sorgt gleichzeitig dafür, den Radius Ihres Hundes etwas zu verkleinern.

Wählen Sie ein Spaziergehgebiet, das keine Gefahren für Ihre Mitmenschen und Ihren Hund birgt. Besonders eignen sich Gegenden mit vielen abzweigenden Wegen und Trampelpfaden.

Lassen Sie Ihren Hund einige Meter voraus rennen.

Wechseln Sie den Weg oder Ihre Laufrichtung, ohne Ihren Hund zu rufen oder sonst irgendeinen Hinweis zu geben. Vielleicht wird Ihr Hund beim ersten Wechsel einige hundert Meter weiter laufen. Gehen Sie so lange auf dem anderen Weg oder in die andere Richtung weiter, wie Sie Ihren Hund noch sehen können. Hat er den Wechsel immer noch nicht bemerkt, bleiben Sie einfach stehen und warten.

Hat er die Lage erkannt und kommt zurückgesaust, gehen Sie weiter, bis er Sie eingeholt hat. Dann freuen Sie sich verbal und setzen Ihren Weg fort.

Sollte Ihr Hund kurz davor sein, sich aus der Hörweite zu bewegen, dann geben Sie ihm einen Hinweis durch das Rufen seines Namens. Sobald er sich umdreht, gehen Sie weiter und loben ihn, wenn er bei Ihnen angekommen ist. Wiederholen Sie diese Variante öfter.

Die meisten jagdfreudigen Hunde kommen auf dumme Gedanken, wenn Sie immer geradeaus laufen. Die Verlockung ist groß, jagen zu gehen, da die Wegstrecke für Ihren Hund kalkulierbar ist. Wechseln Sie also öfter die Wege, Richtungen und Spaziergehgebiete!

Bei dieser und der vorher beschriebenen Variante ist es möglich, dass der Hund während des Trainings für kurze Zeit aus Ihrem Einwirkungskreis entschwindet. Durch Zufall kann genau in dieser Zeit Wild den Weg kreuzen oder kurz vorher eine Spur hinterlassen haben. Wenn Sie sich Sorgen machen, dann nehmen Sie für die ersten Male eine Hilfsperson mit, die mit dem Hund an der Schleppleine weiter läuft, während Sie den Weg oder die Richtung wechseln. Die Hilfsperson muss absolut neutral bleiben. Sie soll Ihren Hund lediglich mit Hilfe der Schleppleine am Jagen hindern und darf keinerlei Hilfen oder Hinweise geben. Wenn der Hund Sie deutlich sucht, dann kann die Hilfsperson erfahrungsgemäß die Schleppleine fallen lassen.

Kurzanleitung:

1 *Wechseln Sie ohne Ankündigung Weg oder Richtung.*
2 *Übergeben Sie eventuell einer Hilfsperson die Schleppleine.*
3 *Freuen Sie sich, wenn der Hund zurück kommt.*

Umkehrsignal

Das Umkehrsignal soll Ihren Weg- oder Richtungswechsel für Ihren Hund ankündigen.

Ihr Hund soll bei diesem Signal ein Stück mit in Ihre Richtung kommen, muss aber nicht ganz bis zu Ihnen kommen.

In der Praxis hat sich gezeigt, dass das Umkehrsignal zu den zuverlässigsten und am schnellsten generalisierten Signalen gehört. Es ist für Ihren Hund, der danach bestrebt ist, den Anschluss zu Ihnen nicht zu verlieren, eine wichtige Information. Zusätzlich gibt es eine Belohnung in Form von Leckerchen oder Spielzeug. Vielen Hunden macht es aber auch einfach nur Spaß, an Frauchen oder Herrchen vorbei zu sausen.

Gerade die Tatsache, dass Ihr Hund beim Umkehrsignal nur in Ihre Richtung, aber nicht ganz bis zu Ihnen kommen muss, kann sich ebenfalls positiv auswirken. Das „Komm!“ - Signal führt hingegen für Ihren Hund häufig zum Ende der jeweiligen Aktivität.

Vielleicht haben Sie bereits ein unbewusst verwendetes Umkehrsignal? Oder Sie kennen andere Hundebesitzer die „Tschüss!“ rufen? Im Folgenden finden Sie die Anleitung, wie Sie bewusst und effektiv ein Umkehrsignal aufbauen können.

Bevor Sie mit dem systematischen Aufbau des Umkehrsignals beginnen, überlegen Sie sich ein Hörzeichen. Gerne genommen werden „Zurück!“, „Kehr um!“, „Hier lang/weiter!“ oder „Go back!“. Natürlich ist auch jedes andere Hörzeichen möglich.

Wählen Sie ein waldiges Gebiet mit vielen sich kreuzenden Trampelpfaden oder Wegen. Falls Sie Ihren Hund in diesem Gebiet nicht ableinen können, nehmen Sie eine Hilfsperson mit. Die Hilfsperson soll lediglich die Schleppleine am Ende halten, damit Ihr Hund sich nicht all zu weit von Ihnen entfernen kann. Ansonsten soll sie möglichst schnell hinter dem Hund hergehen, und ihn so gut wie gar nicht beeinflussen.

Nehmen Sie Klicker, Leckerchen und gegebenenfalls. Spielzeug mit.

Warten Sie einen Moment ab, wenn Ihr Hund ein paar Meter vor Ihnen hertrabt.

Geben Sie Ihr Umkehrsignal und wechseln Sie im selben Augenblick den Weg oder die Richtung.

Behalten Sie Ihren Hund während des Gehens im Auge, um zu klicken, sobald er sich in Ihre Richtung wendet. Wichtig ist, dass Sie ohne Zögern die gewechselte Richtung einschlagen, selbst wenn Ihr Hund nicht sofort folgt.

Geklickt wird nur, wenn sich der Hund in den ersten drei Sekunden nach dem Umkehrsignal umwendet. Wenn Ihr Hund beim Aufbau des Umkehrsignals sich nach ein paar Sekunden nicht in die gewünschte Richtung gewendet hat, klicken Sie nicht. Entweder hält Ihre Hilfsperson Ihren Hund auf, indem sie einfach mit der Schleppleine in der Hand stehen bleibt oder Sie gehen in der gewechselten Richtung weiter. Sollte er auch beim nächsten Versuch nicht gleich reagieren, dann ist wohl die Ablenkung am gewählten Ort oder zum gewählten Zeitpunkt zu groß. Probieren Sie es später woanders erneut.

Besonders lauffreudige Hunde holen sich selten ihr Leckerchen nach dem Klick ab, sondern stürmen lieber an Frauchen oder Herrchen vorbei. Das ist vollkommen in Ordnung. Bitte drängen Sie Ihrem Hund weder Leckerchen noch Spielzeug auf. Andere Hunde hingegen stoppen und fordern ihre Belohnung ein.

Im Gegensatz zum "Komm!" - Signal, bei dem geklickt wird, wenn der Hund da ist, wird beim Umkehrsignal immer in dem Moment geklickt, in dem der Hund sich zu Ihnen umdreht. Denn die Übung ist für Ihren Hund beendet, wenn er sich in Ihre Richtung gewendet hat. Er muss nicht bis zu Ihnen heran kommen.

Wiederholen Sie die Übung mindestens sieben Mal hintereinander in kurzer Zeit. Danach gönnen Sie Ihrem Hund ruhig 15 Minuten Pause, indem Sie ihn in Ruhe schnuppern lassen oder ihm erlauben zu tun, was er sonst noch gerne möchte. Üben Sie das Umkehrsignal während dieses Spaziergangs noch mehrere Male nacheinander.

Nach dem intensiven Aufbau bauen Sie das Umkehrsignal auf Ihren nächsten Spaziergängen einfach ein, indem Sie öfter Weg oder Richtung wechseln. Mit einem jagdlich interessierten Hund ist es ohnehin nicht ratsam, immer dieselbe Strecke oder einen geraden Weg zu laufen. Sie müssen erreichen, dass sich Ihr Hund vorrangig auf Sie und Ihr Verhalten konzentriert. Variieren Sie, indem Sie manchmal Ihr Umkehrsignal dafür benutzen, aber auch manchmal im Sinne des zuvor beschriebenen Weg- und Richtungswechsels gar nichts sagen. Ihr Hund soll einerseits regelmäßig Blickkontakt suchen, um Sie nicht zu verlieren, andererseits wollen Sie aber auch Ihr Umkehrsignal festigen. Aus diesem Grund sagen Sie bei manchen Weg- oder Richtungswechseln nichts und bei anderen Wechseln arbeiten Sie mit dem Umkehrsignal.

Achten Sie beim Umkehrsignal darauf, es immer im Zusammenhang mit einem Weg- oder Richtungswechsel zu benutzen. Selbst wenn Sie eigentlich Ihren Weg weiter gehen, gehen Sie zumindest für 20 Meter den anderen Weg oder in die andere Richtung.

Kurzanleitung:

1 *Wählen Sie ein Spaziergehgebiets mit vielen sich kreuzenden Wegen.*
2 *Geben Sie das Umkehrsignal, während Sie Weg oder Richtung wechseln.*
3 *Klicken Sie, sobald der Hund sich in Ihre Richtung wendet.*
4 *Wiederholen Sie dies etliche Male.*

Impulskontrollübungen

Impulskontrolle heißt, Impulse zu beherrschen. Es bedeutet nicht kopflos auf Reize zu reagieren, wie das beim Jagen der Fall ist, sondern überlegt und abwartend zu handeln. Reiz-Reaktionen haben in der Natur natürlich Ihren Sinn: ein Beutegreifer, der nicht schnell genug reagiert, verhungert.

Diese Reiz-Reaktionsmuster sind zwar unter anderem der Grund für die Domestikation des Wolfes gewesen, passen jedoch oft nicht mehr in unsere moderne Gesellschaft, weil sie ebenso gefährlich sein können.

Unsere heutigen Hunde müssen sehr viel aushalten und sich zum Teil entgegen ihrer genetischen Ausstattung verhalten. Da Hunde jedoch extrem anpassungsfähig sind und große soziale Fähigkeiten besitzen, kann das Erlernen der Beherrschung ein Trainingsansatz sein.

Schon beim Menschen gilt, dass ein Kind, welches sich schon im Alter von wenigen Jahren zurückhalten und beherrschen kann, ausgeglichener und sozial kompetenter als Erwachsener sein wird. Auch Welpen können und sollten lernen, sich zu beherrschen und ruhig zu handeln, um zu sozial sicheren Hunden heranzuwachsen. Das löst nicht das Jagdproblem, aber es erleichtert das Training enorm und das Leben mit einem sozial sicheren Hund ist sehr viel angenehmer.

Das freie Formen beim Klickertraining fördert allgemein die Impulskontrolle. Vor allem deswegen, weil der Hund vom Leckerchen weg arbeitet, statt wie beim Locken dem Leckerchen zu folgen. Der Klicker an sich ist ein wichtiger Helfer für die zahlreichen Impulskontrollübungen. Ihr Hund lernt Probleme zu lösen und nicht kopflos seinem Impuls nachzugehen.

Viele Hunde können sich während des Spaziergangs kaum frei bewegen. Sie werden an der Leine hin- und hergezerrt und in schwierigen Situationen von ihrem Besitzer eingeengt. Die straffe Leine und dadurch fehlende Luftzufuhr führt zu Frust und damit zu impulsiven Reaktionen. Leinenaggression ist nur eine Folge davon.

Oft haben die Hunde keine Möglichkeit mehr, neue Situationen in Ruhe aufzunehmen und kennen zu lernen, weil Sie nicht beachtet und weiter gezerrt werden.

Beobachten Sie sich einmal selbst, wenn Sie vor Ihrem Hund, der an der Leine ist, Rehe sehen. Wie ruhig sind Sie selbst, wie straff ist die Leine plötzlich und wie aufgeregt ist Ihr Hund, bevor er selbst die Rehe bemerkt hat? Kein Wunder, dass die Erregung eines Hundes immer höher steigt, ganz unabhängig von der Genetik.

Die richtige Leinenführung sowohl an der Schleppleine und Flexileine, als auch an der kurzen Leine ist das Erste, was Sie und Ihr Hund lernen sollten. Ihr Ziel sollte ein Hund sein, der auch ohne Leine lenkbar ist und weder Unsicherheiten noch Aggressionen an der Leine zeigt.

Die Leine dient einzig und allein dem Verhindern des Weglaufens. Achten Sie darauf, dass die Leine möglichst immer locker durchhängt.

Bringen Sie ihm bei, vernünftig an der Leine zu laufen und nicht zu ziehen (Literatur im Anhang). Denn auch das Laufen an lockerer Leine ist eine Form der Selbstbeherrschung.

Vor allem aber kommunizieren Sie mit Ihrem Hund verbal und per Sichtzeichen, jedoch nicht mit Hilfe der Leine.

Regt Ihr Hund sich an der Leine auf, weil das Reh im Wildpark sich bewegt? Bleiben Sie ruhig, versuchen Sie, ihn abzurufen aber verkürzen Sie die Leine nicht. Gehen Sie notfalls zum Hund hin und nehmen Sie ihn am Geschirr weg, aber agieren Sie mit der Leine so, als wäre sie gar nicht vorhanden.

Zum einen lernt der Hund dann auch sehr schnell ohne Leine auf die Signale zu reagieren, zum anderen werden keine negativen Verknüpfungen mit der Leine hergestellt. Sie als Besitzer helfen ihm, wenn es sein muss, verbal oder körperlich, aber möglichst nicht durch die Leine.

Ebenso wichtig wie die richtige Leinenführung ist die Ruhe des Besitzers. Sie sind für Ihren Hund die Sicherheit, in die er sich zurückziehen kann. Wenn Sie Angst haben oder aufgeregt sind, ist es Ihr Hund ebenfalls. Abwarten und Tee trinken ist nicht umsonst ein gängiges Sprichwort. Die Zeit erlaubt es, Situationen einschätzen zu können und sich daran zu gewöhnen. Der letzte Eindruck einer Situation bleibt auch dem Hund im Gedächtnis.

Stand er kreischend in der Leine, weil ein Hase über das Feld gehoppelt ist, während Sie ihn schimpfend weiterzerrten, wird er das die nächsten drei Wochen auch machen.

Wenn Sie ihm Zeit lassen und warten, bis die Erregung wieder abgeklungen ist, und er sich eventuell mit Hilfe einer kleinen Massage entspannen kann, wird er maximal am nächsten Tag noch einmal schnüffeln.

All dies führt dazu, dass der Hund lernt, mit seiner eigenen Erregung besser umgehen zu können, sich selbst zu beruhigen - damit es beispielsweise endlich weitergeht - oder sich gar nicht erst aufzuregen. Ein Hund, der selbst Erfahrungen sammeln darf und dabei vernünftig unterstützt wird, ist ausgeglichener und ruhiger als ein Hund, der vor allem bewahrt wird und nicht lernt, sich selbst zu kontrollieren.

Konkrete Übungen zur Impulskontrolle trainieren den Hund vor allem darin, abzuwarten und andere Lösungsstrategien anzuwenden, die natürlich im Sinne des Besitzers sind. Dies sind vorrangig Bleib-Übungen und Rückfragen zum Menschen.

Spannung halten

Eine gute Vorübung zum Vorstehen (Seite 148) und zum Fördern der Zusammenarbeit ist die folgende Übung. Der Hund darf Hinschauen zum begehrten Objekt, muss aber auf seinen Menschen warten, bevor er es bekommt.

1. Leinen Sie Ihren Hund an und rufen Sie ihn neben sich. Er muss nicht sitzen oder Platz machen. Eine Hilfsperson präsentiert etwas, was der Hund haben möchte.
2. Halten Sie die Leine fest, falls er nach vorn geht.
3. Bleiben Sie auf der Stelle stehen und warten Sie ab, bis Ihr Hund merkt, dass er nicht weiterkommt.
4. Versuchen Sie die Leine zu lockern und vorsichtig neben Ihren Hund zu treten. Will er weiter vorwärts, halten Sie ihn wieder fest.
5. Treten Sie neben Ihren Hund und zählen Sie bis drei
   Klicken Sie und gehen mit Sie mit Ihrem Hund zur Hilfsperson. Variieren Sie die Belohnung, indem Ihr Hund bei schneller Beherrschung zum Objekt der Begierde darf. Hat es länger gedauert, wird er mit etwas anderem weg von der Hilfsperson belohnt.
   Ihr Hund wird so lernen, sich schneller zu beherrschen, um zur erwarteten Ressource (siehe Seite 26) zu gelangen.

Zu Beginn des Trainings wird Ihr Hund sicherlich länger brauchen, um wirklich auf den Klick oder Ihr „Los geht's!" zu warten. Aber je häufiger Sie üben, desto schneller wird er begreifen.

Nun können Sie die Übung erschweren und mit Zeitrahmen arbeiten. Versucht er mehr als dreimal nach vorn zu gelangen, wird die Übung mit einem Laut des Bedauerns abgebrochen.

Geht er nur beim ersten Mal an das Ende der Leine, wartet dort aber ruhig ab, wird er weg von der Hilfsperson belohnt (5a).

Wartet er von Anfang an, wird er mit dem Erwünschten belohnt.

Ein weitere Anforderung ist, zu warten, bis der Hund zu Ihnen schaut, bevor er belohnt wird.

Bei dieser Übung sehen Sie, wie groß der Unterschied zwischen der erwarteten Ressource - das, was bei der Hilfsperson ist - und der konkurrierenden Ressource - das, was Sie ihm anbieten – ist. Obwohl Sie vielleicht Leberwurst in der Hand haben, aber nur Trockenfutter bei der Hilfsperson ist, wird Ihr Hund häufig erst dorthin wollen.

Neugier ist eine starke Macht, die wir uns hier ebenfalls zunutze machen können.

Denken Sie daran, die Übung zu variieren, indem Sie verschiedene Anreize benutzen. Hat die Hilfspeson immer nur Trockenfutter dabei, wird es für Ihren Hund uninteressant.

Im Alltag können Sie diese Übung auch noch mit einem Signal ankündigen. Sagen Sie kurz vorher „Warte!" und üben dann genauso wenn z.B. ein Hund kommt, Sie über die Straße gehen wollen oder die Autotür öffnen.

Am Boden bleiben

1. Nehmen Sie gut riechende Leckerchen oder ein Spielzeug in die Hand.

2. Halten Sie die Hand so hoch, dass Ihr Hund auch durch Springen nicht an den Inhalt der Hand gelangen kann. Wenn Ihr Hund hochspringt, bellt oder ähnlich unerwünschtes Verhalten zeigt, um an den Inhalt zu gelangen, bleiben Sie ungerührt stehen und ignorieren ihn, ohne etwas zu sagen.

3. Klicken Sie, wenn er mit allen vier Pfoten wenigstens drei Sekunden (!) den Boden berührt. Nach dem Klick bekommt er eine Belohnung aus Ihrer Tasche und manchmal die Belohung aus der Hand.

4. Nach einigen Wiederholungen sollte Ihr Hund ruhig sitzend oder stehend warten, bis Sie klicken.

Das Warten trotz Aufregung können Sie nun beliebig hinauszögern und ihn für langes Warten (ein bis zwei Minuten) mit einem Leckerchensuchspiel belohnen.

Abregen aus dem Spiel

1. Nehmen Sie ein Spielzeug oder einen mit Futter gefüllten Beutel.

2. Spielen Sie eine Minute mit Ihrem Hund ein wildes Zerrspiel. Ihr Hund kann dabei ruhig kräftig reißen oder auch Spielknurren zeigen. Er muss richtig ins Spiel vertieft sein.

3. Verstecken Sie nun plötzlich das Spielzeug oder den Beutel hinter Ihrem Rücken oder klemmen Sie es unter Ihren Arm, so dass er nicht daran kommt. Nehmen Sie es, wenn der Hund gerade nicht festhält! Stellen Sie sich gerade hin und warten Sie ab. Ignorieren Sie jedes Anspringen, Bellen und Sonstiges. Lassen Sie ihn ins Leere laufen.

4. Sobald Ihr Hund sich selbst abgeregt hat und ruhig sitzend oder stehend wartet, klicken Sie und führen das Spiel unverändert fort.

Abregen mit der Reizangel

1. Ergänzend können Sie die Reizangel verwenden. Eine Reizangel ist ein langer Stab mit ca. zwei bis drei Meter Schnur daran, an die ein Spielzeug gebunden werden kann.

2. Ziehen Sie mit Hilfe der Reizangel das Objekt der Begierde am Boden entlang weg vom Hund. Imitieren Sie einen hoppelnden Hasen. Lassen Sie Ihren Hund hinterherhetzen, ohne dass er das Objekt fangen kann.

3. Dann schleudern Sie es plötzlich in die Luft, so dass Ihr Hund das Objekt nicht erwischen kann und stecken es unter Ihren Arm.

4. Erst wenn er wieder ruhig abwartet, bekommt er einen Klick und als Belohnung das Objekt. Gefällt Ihrem Hund das Hinterher rennen besser als das Besitzen des Spielzeuges, dann belohnen Sie ihn, indem Sie weiterspielen.

Durch viele Wiederholungen lernt Ihr Hund so, sich schnell wieder zu beruhigen, um an das Erwünschte zu gelangen. Er wird dadurch auch in anderen Situationen besser und schneller ansprechbar sein.

Bleiben mit ablenkender Hilfsperson

1. Lassen Sie Ihren angeleinten Hund eine Bleibposition, wie Sitz, Platz oder Steh einnehmen.

2. Eine Hilfsperson schwenkt in großer Entfernung Leckerchen oder Spielzeug und kommt langsam näher.

3. Klicken Sie, solange Ihr Hund noch in der Bleibposition verharrt. Als Belohnung kann die Person dem Hund das Leckerchen zuwerfen, oder er bekommt etwas aus Ihrer Tasche.

4. Steigern Sie die Ablenkung durch die Person, durch lautes verbales Freuen, Hüpfen etc. langsam.

Steht Ihr Hund auf, sagen Sie ruhig, aber bestimmt „Falsch“ oder „Ä-häh“ und lassen ihn wieder die Bleibposition einnehmen. Bitten Sie die Hilfsperson, ruhiger zu kommen bzw. etwas weiter weg zu bleiben.

Steigern Sie das Ganze langsam, bis Ihr Hund auch bei einer sich laut freuenden, Futter schwenkenden Person dicht neben sich, wenigstens fünf Sekunden ruhig sitzen bleibt.

Bleiben ohne Hilfsperson

1. Halten Sie Ihren Hund an kurzer aber lockerer Leine fest.

2. Werfen Sie ein Leckerchen oder einen Ball anfangs nicht sehr weit weg.

3. Wenn er sitzen geblieben ist, belohnen Sie ihn, indem Sie mit ihm zusammen das Leckerchen suchen gehen bzw. mit dem Ball spielen.

4. Sollte er vorher hinterherlaufen wollen, markieren Sie das wieder mit einem „Falsch“ und brechen die Übung ab. Gehen Sie einen Meter zur Seite und versuchen Sie es erneut. Werfen oder rollen Sie diesmal das Leckerchen bzw. den Ball noch vorsichtiger.

Denken Sie daran, dass Ihr Hund nur verstehen kann, was Sie von ihm wollen, wenn er die Übung richtig ausführen kann und dafür bestärkt wird.

Impulskontrolle kann überall da geübt werden, wo ihr Hund scheinbar kopflos ist. Üben Sie mit ihm, indem Sie sein impulsives Verhalten durch die Leine verhindern und er erst Erfolg hat, wenn er abwarten kann.

Giert er nach den Leckerchen in Ihrer Hand und ist nicht ansprechbar? Dann lassen Sie ihn nicht daran kommen, indem Sie Faust machen und geben ihm erst etwas, wenn er aufhört zu kratzen, quietschen etc.

Bellt er wie verrückt, wenn Sie Gassi gehen wollen? Brechen Sie das Anziehen ab und beginnen erst wieder, wenn er fünf Sekunden lang ruhig war.

Drängt Ihr Hund schon durch die Tür, wenn die diese nur einen Spalt öffnen? Dann schließen Sie die Tür wieder. Öffnen Sie sie ein Stück und schließen sie erneut, wenn es sein muss.

Ihr Hund darf erst mit einem „Ok!“ hindurch, wenn er ohne zu drängeln wartet.

Für diese Übungen brauchen Sie gerade bei Hunden, die schnell erregbar sind, einen langen Atem und ein stoisches Gemüt, aber es lohnt sich!

Ihr Hund wird lernen, dass nur abwarten und sich beruhigen erfolgreich ist.

„Es ist des Menschen würdiger, sich lachend mit dem Leben zu beschäftigen, als es ständig zu beweinen.“

(Seneca, röm.. Philosoph)

IV Kontrolle am Wild

Bisher hat sich der Praxisteil mit Übungen beschäftigt, die die Grundlage des AJT bilden. Ein Hund, der einen zu großen Radius um den Menschen herum hat, ist schwerer zu kontrollieren, da ihn sein Mensch schlicht und einfach nicht sieht. Ein Hund, der nicht regelmäßig Blickkontakt zu seinem Menschen aufnimmt, ist in seine „Hundewelt" versunken. Es ist schwer, ihn im richtigen Moment in die „Menschenwelt" zurück zu holen.

Sehen Sie bereits kleine Erfolge bei den Grundlagen, dann können Sie mit den Übungen in diesem Kapitel beginnen. Die Übungen in diesem Kapitel helfen Ihnen, wenn tatsächlich Wild da ist oder der Hund eine Spur ausarbeitet. Trainieren für den Ernstfall heißt auch, sich selbst zu trainieren, das Richtige im richtigen Augenblick zu tun. Wie oft ärgert man sich hinterher über eine verpasste Gelegenheit.

Vergessen Sie jedoch nicht, dass Sie selbst und Ihr Hund keine Maschinen sind. Hundertprozentige Kontrolle in jeder Situation ist kein erreichbares Ziel. Vielmehr geht es darum, den Hund soweit als möglich kontrollieren zu können und in Situationen, denen Sie sich nicht gewachsen fühlen oder Ihrem Hund nicht genügend vertrauen können, die nötige Sicherung zu schaffen. Sehen Sie jeden erreichten Zwischenschritt als Erfolg auf dem Weg zu Ihrem persönlichen Endziel.

Wichtig ist auch, die eigene Sicht der Dinge zu verändern. Der Spaziergang in einem wildreichen Gebiet soll nicht mehr nervend und stressig sein. Er ist eine gute Möglichkeit, zu üben und vorwärts zu kommen, um die eigenen Ziele zu erreichen!

Alle vorgestellten Übungen werden aufgebaut, wie es im vorderen Teil des Buches beschrieben worden ist. Sie beginnen in einer ablenkungsarmen Umgebung. Wenn die Übung unter wenig Ablenkung gut funktioniert, probieren Sie es an einem Ort mit mehr Ablenkung. Gleichzeitig können Sie an den ablenkungsarmen Orten mit der variablen Verstärkung beginnen.

Der Superschlachtruf

Im Gegensatz zum Komm- oder Umkehrsignal, ist der Superschlachtruf für den Fall der Fälle gedacht. Also für Situationen, in denen Ihr Hund sich oder andere gefährden könnte. Wenn der Superschlachtruf gut funktioniert, dann können Sie entspannt spazieren gehen. Denn selbst wenn das Schlimmste passiert, können Sie Ihren Hund im Notfall abrufen.

Der Superschlachtruf funktioniert deswegen so sicher, weil er sehr sorgfältig aufgebaut wird, aber vor allem nur ganz selten angewendet wird. Er wird im Training nur in gut vorbereiteten Situationen geübt. Kombiniert mit der seltenen Durchführung behält der Superschlachtruf seine Besonderheit für den Hund. Er nutzt sich nicht ab, wie das "Komm!" - Signal. Aus diesem Grund dürfen Sie den Superschlachtruf nicht als alltägliches "Komm!" - Signal nutzen.

Der Superschlachtruf kündigt einen Jackpot an. Damit ist nicht etwa eine Handvoll Leckerchen gemeint. Was für Ihren Hund ein Jackpot ist, müssen Sie selbst herausfinden. Für den spielzeugverrückten Hund ist es das Spiel mit dem Lieblingsspielzeug, für den verfressenen Hund Katzennassfutter oder Leberwurst in der Tube, vielleicht auch Trockenfisch oder Buletten im Futterbeutel, für den begeistert buddelnden Hund der Trokkenpansen im Mauseloch. Hunde, die Quietschtiere mögen, werden vom Critter (einem mit Fell bezogenem Ball mit Schwanz und Quietschie) begeistert sein. Auch Echtfelldummys sind sehr beliebt. Seien Sie kreativ und finden Sie das Nonplusultra für Ihren Hund heraus!

Die Bezugsquelle für Critter, Echtfelldummys und die genannten Tuben finden Sie im Anhang.

Der Superschlachtruf ist eine klassisch konditionierte Ankündigung einer Belohnung. Das bedeutet, dass der Hund nicht erst etwas tun muss und dafür belohnt wird, sondern er bekommt das Superfutter, bzw. -spielzeug, wenn dieser Ruf ertönt, egal was er gerade macht.

Wie der Name „Schlachtruf" schon sagt, ist nicht unbedingt ein Pfiff gemeint, sondern ein ganz besonderer Ruf von Frauchen oder Herrchen. Neben dem Jackpot lieben Hunde das gemeinsame Tun mit ihrem Frauchen oder Herrchen. Schlachtrufe sind dazu da, mitzureißen. Mit Ihrer Stimme und mit Ihrer Körpersprache sollen Sie Ihrem Hund jede Menge Aktion, Freude und Spaß ankündigen.

Im Folgenden wird der Aufbau des Superschlachtrufs mit Spielzeug, Mäuselöchern kombiniert mit Trockenpansen und mit Lieblingsfutter beschrieben. Dies sind nur Beispiele. Was für Ihren Hund der Jackpot ist, müssen Sie herausfinden und für Ihren Superschlachtruf nutzen.

Grundsätzlich sollte ein Superschlachtruf auch nur Futter oder nur Spielen ankündigen. Denn Ihr Hund verknüpft mit dem Schlachtruf die Aufregung des Spiels ODER den Speichelfluss als Vorfreude auf Futter. Entscheiden Sie sich also vorher, ob Sie mit Futter oder mit Spielzeug arbeiten möchten.

Das Futter und das Spielzeug können Sie natürlich variieren. Sie können außerdem einen neuen Superschlachtruf aufbauen, wenn Sie mit der Wahl Ihres Jackpots im Nachhinein nicht zufrieden sind.

Der Aufbau mit (Wurf-)Spielzeug

Wählen Sie ein Spielzeug aus, dass Ihr Hund am liebsten mag. Stecken Sie es in Ihre Tasche und gehen Sie an einem ablenkungsarmen Ort mit Ihrem Hund spazieren.

Wenn Ihr Hund vor Ihnen hertrabt, rufen Sie laut und begeistert „Huch!“, „Yippieh!“ oder ein anderes Superschlachtrufsignal. Machen Sie gleichzeitig eine betonte Wurfbewegung und werfen Sie das Spielzeug in die entgegengesetzte Richtung. Signal und Wurfbewegung müssen gleichzeitig erfolgen.

Falls das Lieblingsspielzeug quietschen kann, können Sie im Anschluss an das Signal quietschen und dann werfen. Spielen Sie noch eine Minute mit Ihrem Hund. Nehmen Sie dann das Spielzeug wieder an sich.

Wiederholen Sie die Übung noch ca. fünf Mal während des Spaziergangs ganz egal, was Ihr Hund gerade macht. Wenn Ihr Hund sofort auf Ihren Superschlachtruf reagiert, steigern Sie die Ablenkung, indem Sie rufen, wenn er etwas weiter von Ihnen entfernt ist, irgendwo intensiv schnüffelt oder gerade ein anderer Hund vorbeikommt.

Beim Aufbau des Superschlachtrufs mit spielzeugfixierten Hunden können Sie die Ablenkung relativ schnell steigern. Wenn Ihr Hund das Spielzeug wirklich abgöttisch liebt, können Sie es auch zu anderen Zwecken einsetzen.

Ansonsten nehmen Sie es lieber als besonderes Highlight nur für den Superschlachtruf.

Kurzanleitung:

1 *Spielzeug bereithalten, ohne dass es der Hund vorher sieht*
2 *Superschlachtruf bei wenig Ablenkung ausstoßen und das Spielzeug schwenken*
3 *Intensiv mit dem Hund spielen*
4 *Spielzeug wieder wegpacken*
5 *Noch fünfmal wiederholen*
6 *Später unregelmäßig auffrischen*

Aufbau mit Futter

Der Aufbau über Futter eignet sich für besonders verfressene Hunde. Wählen Sie die absolute Lieblingsspeise für Ihren Hund aus. Manche Hunde lieben frischen, grünen Pansen, andere getrockneten Fisch und wieder andere Katzennassfutter in kleinen Schälchen. Auch Leberwurst, Thunfisch und Buletten erfreuen sich großer Beliebtheit.

Am besten benutzen Sie das ausgewählte Futter ausschließlich für den Superschlachtruf, so dass das Lieblingsfutter einen Seltenheitscharakter erlangt und dadurch noch begehrter wird. Am günstigsten ist es, wenn der Hund vorher nicht weiß, ob Sie dieses Futter dabeihaben. Verpacken Sie es also schnuppersicher, aber so, dass Sie es schnell hervorholen können. Kleine Nassfutterschälchen sind dafür ideal.

Besonders beliebt ist auch das Fressen aus einem Beutel oder das Lecken an gefüllten Plastiktuben - so genannte „Food Tubes". Sie können nach Belieben gefüllt werden. So lassen sich Leberwurst, Thunfisch, Babybrei und Co. problemlos für unterwegs mitnehmen. Das Nuckeln an den Tuben scheint ebenfalls ein besonderer Spaß für manche Hunde zu sein.

Achten Sie darauf, die Tuben mit abgeschraubtem Deckel zu befüllen. So entstehen keine Lufträume in der Tube, die später als unangenehme Luftstöße bei der Benutzung der Tube den Nuckelspaß trüben könnten.

Beginnen Sie bei Ihnen im Haus und Garten bzw. in der Wohnung. Hocken Sie sich hin, als hätten Sie etwas Tolles gefunden und stoßen Sie Ihren Superschlachtruf „Yippie!", „uiuiuiuiui!" oder was Sie nehmen möchten, aus.

Präsentieren Sie Ihrem Hund eine große Menge („Jackpot") seines Lieblingsfutters und wiederholen Sie dabei immer wieder leise den Schlachtruf.

Das Hinhocken parallel zum Ausstoßen des Superschlachtrufs dient als Sichtzeichen für den Hund.

Sollten Sie sich aus körperlichen Gründen nicht hinhocken können, können Sie auch alternativ rückwärts laufen.

Wiederholen Sie ungefähr dreimal hintereinander innerhalb von einer Stunde den oben beschriebenen Aufbau. Verlegen Sie die nächsten Übungseinheiten nach draußen.

Kurzanleitung:

1 *Nehmen Sie eine große Menge des Lieblingsfutters mit.*
2 *Hocken Sie sich hin und stoßen Sie Ihren Superschlachtruf aus.*
3 *Wiederholen Sie etwas leiser den Schlachtruf, während der Hund frisst.*
4 *Wiederholen Sie innerhalb einer Stunde noch ca. drei Mal die Schritte eins bis drei.*

Aufbau mit kreativer Belohnung

Das Buddeln ist ein Jagdelement. Sie können Buddeln kombiniert mit einem besonderen Leckerchen für Ihren Superschlachtruf nutzen. Ihr Hund findet sicherlich selbst Mäuselöcher zum Buddeln, aber Sie finden immer die besten Mäuselöcher. Denn Ihre Mäuselöcher sind auch noch mit Pansen gefüllt! Diese besten Mauselöcher werden grundsätzlich mit Ihrem Superschlachtruf „Uiuiuiuiui!" o.ä. angekündigt.

Nehmen Sie einige ca. zehn cm lange Trockenpansenstreifen mit. Diese sind im Tierfutterhandel erhältlich. Wenn Ihr Hund Trockenpansen nicht so toll findet, dann nehmen Sie ein anderes Lieblingsleckerchen mit. Es soll eine ähnliche Konsistenz wie der Trockenpansen haben.
Die Größe ist wichtig, damit die Belohnung nicht in den Tiefen der Mauselöcher verschwinden kann.

Wählen Sie eine Wiese oder ein Feld, wo es viele Mäuselöcher gibt und Ihr Hund ungestört buddeln darf.

Lassen Sie Ihren Hund etwas vor sich hertraben. Suchen Sie ein Mauseloch und füllen Sie es mit einem Streifen Trockenpansen. Der Pansen sollte soweit im Mauseloch verschwinden, dass Ihr Hund etwas Buddeln muss, um daran zu gelangen.

Hocken Sie sich geschäftig vor das gefüllte Mauseloch und stoßen Sie Ihren Superschlachtruf „Uiuiuiuiui!" möglichst mitreißend aus.

Ihr Hund wird neugierig angerannt kommen. Zeigen Sie ihm Ihr gefülltes Mauseloch. Animieren Sie ihn zum Buddeln bis er den Pansen hat. Während Ihr Hund seinen Pansen knabbert, präparieren Sie bereits etwas entfernt das nächste Loch.

Manche Hunde kommen schon interessiert angelaufen, wenn sie bemerken, dass Frauchen oder Herrchen nach irgendetwas am Boden sucht. Andere Hunde beschäftigen sich lieber selbst. Wiederholen Sie ungefähr dreimal hintereinander den oben beschriebenen Aufbau. Danach gehen Sie ganz normal weiter spazieren.

Seien Sie kreativ, wenn es um die Superbelohnung für Ihren Hund geht!

Kurzanleitung:

1 *Suchen Sie ein Mauseloch und füllen Sie es mit Pansen.*
2 *Hocken Sie sich daneben und stoßen Sie Ihren Schlachtruf aus.*
3 *Animieren Sie Ihren Hund ggf. zum Buddeln.*
4 *Wiederholen Sie die Schritte eins bis drei noch ca. drei Mal bei diesem Spaziergang.*

Jede der Varianten muss in den kommenden Wochen generalisiert und gefestigt werden. Füllen Sie die Generalisierungstabelle im Anhang des Buches für Ihren Hund aus. Beginnen Sie an den Orten der geringsten Ablenkung den Superschlachtruf zu üben. Steigern Sie die Ablenkung an Hand Ihrer Tabelle.

Erst wenn in der genannten Situation der Hund ohne zu zögern beim Erklingen des Superschlachtrufs angesaust kam, fügen Sie etwas mehr Ablenkung hinzu. Steigern Sie die Ablenkung so, dass Ihr Hund möglichst immer beim Ertönen des Schlachtrufes angerast kommt.

Die folgende Tabelle gibt Ihnen einen kleinen Anhaltspunkt, in welchen Intervallen Sie weiter üben können:

Woche 1	Woche 2	Woche 3	Woche 4
Täglich 3 Mal	Täglich 1 Mal	Alle 2 bis 3 Tage	1 mal in der Woche

Ab der 5. Woche frischen Sie den Superschlachtruf zwei bis drei Mal im Monat auf.

Grundsätzlich gilt:

Je besser Ihrem Hund der Jackpot gefällt, desto schneller können Sie die Ablenkung steigern.

Je besser Ihr Hund insgesamt ansprechbar ist, desto schneller können Sie die Ablenkung steigern.

Ab der 3. Woche müssen Sie nicht mehr täglich das Superfutter oder das Superspielzeug mitnehmen. Geraten Sie in eine Notfall-Situation, in der Sie den Superschlachtruf benötigen, dann stoßen Sie ihn wie gewohnt mit der entsprechen Körperhaltung aus. D.h. tun Sie so als würden Sie ein Spielzeug schleudern oder ein Mäuseloch suchen oder Ihr Superfutter in hingehockter Position rauskramen, auch wenn Sie nichts dergleichen dabei haben.

Geben Sie Ihrem Hund für den Moment das, was Sie gerade haben. Frischen Sie bei nächster Gelegenheit den Superschlachtruf mehrmals hintereinander mit dem Jackpot wieder auf.

Gerade beim Übergang von der schleifenden Schleppleine zum Training ohne Leine, kommt man in Versuchung, den Hund erst mit dem "Komm!" - Signal zu rufen und klappt das nicht, den Superschlachtruf zu nutzen. Passiert Ihnen das öfter, lernt Ihr Hund, dass er nur auf den Superschlachtruf warten muss und das "Komm!" - Signal nicht zu befolgen braucht. Dies wäre eine unerwünschte und unnötige Verhaltenskette. Wie Sie diese und weitere Ketten vermeiden bzw. löschen können, erfahren Sie im folgenden Abschnitt.

Der Superschlachtruf funktioniert deswegen so gut, weil er den Jackpot ankündigt, egal was der Hund macht. Das unterscheidet sich vom Bestärken eines Verhaltens. Ein sorgfältiger Aufbau ist daher unerlässlich, um kein Verhalten mit dem Ruf zu verknüpfen.

Vorsicht Verhaltenskette!

Der Superschlachtruf muss für Ihren Hund unvorhersehbar erfolgen, ohne dass er ihn mit einem Verhalten seinerseits in Verbindung bringt. Als Notsignal bedeutet er nichts anderes als: „Hier gibt es was super-super-Tolles!!!“ Das hat zum einen den Sinn, dass Ihr Hund keine unerwünschten Verhaltensketten knüpfen kann. Zum anderen sind manche Hunde in einer ständigen Erwartungshaltung, dass der Superschlachtruf gleich erklingen könnte. Dies ist eine positive Entwicklung, weil Ihr Hund dann den Radius um Sie herum automatisch verkleinert.

Wenn Ihr Hund den Superschlachtruf doch mit einem bestimmten Verhalten verknüpft, dann kommt es zu einer unerwünschten Verkettung.

Eine durch den Superschlachtruf verursachte Verhaltenskette könnte folgendermaßen aussehen:

Ihr Hund rennt hinter einem Pferd mit Reiter her. Sie geben Ihren Superschlachtruf. Ihr Hund kommt zurück, um sich seinen Jackpot abzuholen. Diese Situation wiederholt sich auf anderen Spaziergängen. Ihr Hund wird lernen, dass er nur Pferde jagen muss, damit Sie Ihren Superschlachtruf geben und er an die entsprechende Superbelohnung gelangt.

Aber auch wenn Sie den Superschlachtruf immer dann ausstoßen, wenn Ihr Hund sich gerade von Ihnen entfernt, kann er das verknüpfen und absichtlich weglaufen.

Sie können solchen Verhaltensketten vorbeugen, indem Sie den Superschlachtruf in möglichst vielen verschiedenen Situationen geben; zum Beispiel während er Sie anschaut, während er irgendwo schnuppert, während er weiter weg ist und auch während er direkt neben Ihnen steht. Er darf ihn weder mit der Entfernung zu Ihnen, noch mit seiner Gangart in Verbindung bringen!

Besteht die Verhaltenskette bereits, gibt es verschiedene Möglichkeiten zur Auflösung der Kette.

Wenn Ihr Hund ohne Grund wie angestochen losrennt, um den Superschlachtruf auszulösen, dann lassen Sie ihn einfach rennen. Er wird sich nach kurzer Zeit erstaunt nach dem Motto umschauen „wo bleibt der Superschlachtruf?“. Da keine Reaktion mehr erfolgt, wird sein falsch verknüpftes Verhalten bald nachlassen. In dieser Zeit setzen Sie den Superschlachtruf vor allem dann ein, wenn Ihr Hund irgendwo schnuppert oder etwas anderes tut, als zu rennen.

Wenn Ihr Hund Pferd und Reiter, Autos, Jogger oder alles Mögliche jagt, um einen Superschlachtruf auszulösen, dann sichern Sie ihn mit einer Schleppleine. Suchen Sie vom Auslösereiz stark frequentierte Gebiete zum Training aus und arbeiten Sie an der im Verlauf des Kapitels beschriebenen Generalisierung Ihres „Komm!“ - Signals.

Wenn Sie den Superschlachtruf völlig löschen möchten, dann geben Sie ihn häufig hintereinander ohne eine folgende Belohnung. Wiederholen Sie ihn so oft, bis Ihr Hund keine sichtbare Reaktion mehr auf den Superschlachtruf zeigt.

Das Unterbrechungssignal

Ein Unterbrechungssignal soll das Verhalten des Hundes in unerwünschten Situationen stoppen. Fast jeder nutzt ein Unterbrechungssignal, wie „Nein!", „Lass das!" u.ä. Die wenigsten haben dieses jedoch sauber aufgebaut. Meist wird es aufgrund eigener Verärgerung benutzt und der Hund hat gelernt, dass dieses Signal Stress bedeutet.

Leider lernt er sehr selten, dass er diesen Stress mit seinem Verhalten hätte verhindern können. Das Unterbrechen einer Handlung führt gewöhnlich nicht dazu, dass der Hund diese Handlung nie wieder ausführt. Und das ist der große Nachteil dieses Signals.

Es löst das Jagdproblem - und auch andere Probleme - nicht, weil es nur unterbricht, aber keine Alternativen aufzeigt. Um eine verknüpfte Reiz-Reaktions-Kette abzubauen, muss eine neue Kette geknüpft werden. Kommt also nur dieses Signal und nichts danach, wird der Hund erneut auf die auslösenden Reize reagieren.

Dass das Unterbrechungssignal dennoch ein guter erster Ansatz sein kann, liegt daran, dass es für manchen Hund einfacher ist, erst aus dem einen Erregungszustand - Hetzen - herausgerissen zu werden, um dann für das Signal zum Alternativverhalten ansprechbarer zu sein.

Erfahrungsgemäß scheint das Unterbrechungssignal bei Hütehunden und anderen Nichtjagdhundrassen eine Option zu sein. Eine Erklärung, warum es bei Jagdhunden häufig nicht funktioniert, könnte die genetisch bedingte völlige Ausschaltung aller Außenreize beim Jagdhund sein. Sie führen ihre Aufgabe mit konzentrierter Präzision aus und sind daraus nicht so einfach durch ein Unterbrechungssignal heraus zu holen. Bei Hunden, die nicht völlig verschlossen gegenüber ihrer Außenwelt sind, hat ein Unterbrechungssignal schneller die Chance wahrgenommen und ausgeführt zu werden.

Wichtig ist der saubere Aufbau des Signals und das bewusste Weglassens des eigenen Ärgers, der das Training stört. Für uns Menschen ist es tatsächlich besser, kein Unterbrechungssignal zu haben, um nicht in Versuchung geführt zu werden, den Ärger herauszulassen und im Training zurückgeworfen zu werden. Beherrschung und Impulskontrolle sind auch für Menschen in sozialer Umwelt wichtig.

Grundsätzlich sollten Sie lernen in Alternativen zu denken, statt in Unterbrechungen. Ihr Hund schnüffelt an etwas Ekligem am Boden? Geben Sie Ihr Signal zum Weitergehen.

Er will zu dem Hund gegenüber? Rufen Sie ihn zurück, statt „Nein“ zu brüllen.

Er frisst etwas vom Boden? Bringen Sie ihm ein „Gibs her“ oder „Zeigmal“ bei, statt „Pfui“ zu rufen.

Auch im Umgang mit unseren Mitmenschen ist es sinnvoller und erfolgreicher zu sagen, was man möchte, statt zu erwähnen, was man nicht will.

Suchen Sie sich ein Unterbrechungssignal aus, das Sie nicht täglich verwenden. Ein „Nein!“ ist daher nicht zu empfehlen. Es sollte ein Wort sein, das Sie auch unter höchster Erregung über die Lippen bringen und es sollte laut und mit tiefer Stimmlage zu rufen und zu hören sein. Aus letzterem Grund eignet sich „Pfui!“ dafür ebenfalls nicht besonders.

Ein „Hey!“ entspricht beiden Voraussetzungen. Sprechen Sie dieses Signal während des Trainings auch so aus, wie Sie es im Notfall sagen würden. Wenn Sie während des Trainings lieb und freundlich „Hey!“ sagen, dann wird Ihr Hund Ihr „HEYYYY!!!“ im Zweifelsfall nicht als das gelernte Signal erkennen.

Futter in der Hand

Legen Sie ein paar Brocken Futter auf Ihre Hand. Halten Sie dem Hund die offene Hand vor seine Nase und sagen Sie deutlich „HEY!"

Sobald Ihr Hund das Futter fressen möchte (er kennt das Signal ja noch nicht), schließen Sie die Hand zur Faust. Behalten Sie die Faust aber unbedingt an der Stelle und ziehen Sie sie nicht weg!

Öffnen Sie die Faust wieder sobald er nicht mehr direkt daran schnuppert und geben Sie das Hey-Signal.

Wiederholen Sie das Signal öfter, solange er an der Faust knabbert. Ziehen Sie diese nicht weg!

Üben Sie solange, bis Ihr Hund nicht mehr versucht, an das Futter auf der offenen Hand zu gelangen

Zählen Sie bis fünf und werfen Sie ihm dann die Bröckchen nach einem „OK!" zum Suchen auf den Boden.

Üben Sie am ersten Tag zehnmal über den Tag verteilt; pro Trainingseinheit vier Versuche. Jeden Versuch machen Sie solange, bis er aufgibt, an das Futter zu kommen. Beginnen Sie die Übungen zuhause.

Üben Sie am zweiten Tag zehnmal über den Tag verteilt mit je vier Versuchen. Beginnen Sie die Übungen nach draußen zu verlagern und nehmen Sie andere, bessere Futterbröckchen (Fleischkäse, Würstchen etc.).

Futter am Boden

Nehmen Sie viele kleine Futterbröckchen in die Hand.

Stellen Sie sich vor Ihren Hund und beginnen Sie, freundlich mit ihm zu reden, während Sie ihm wiederholt kleine Bröckchen zum Fressen geben.

Lassen Sie nach ca. zehn Sekunden ein Bröckchen auf den Boden fallen, so dass es Ihr Hund bemerkt.

Sobald Ihr Hund das Bröckchen vom Boden nehmen will, geben Sie Ihr Signal und stellen im Zweifelsfall den Fuß darauf. Ihr Hund darf das Futter vom Boden auf keinen Fall bekommen!

Reagiert er auf Ihr Signal und lässt das Futter liegen, reden Sie weiter mit ihm und füttern ihn erneut

Reagiert er nicht, sondern versucht an das Leckerchen zu kommen, stellen Sie den Fuß darauf und warten ab, bis er wieder zu Ihnen hoch schaut. Loben Sie ihn dann dort mit Weiterreden und Füttern. Das Futter am Boden darf bis zum Ende dieser Übung nicht gefressen werden.

Üben Sie auch dies wenigstens zehnmal über den Tag verteilt mit je vier Versuchen. Wechseln Sie am besten jedes Mal den Übungsort.

Nach diesem Trainingstag sollte Ihr Hund nach Ihrem „Hey!“ sofort wieder hoch schauen und keine Anstalten machen, das am Boden liegende Leckerchen zu nehmen.
Sammeln Sie nach Abschluss der Übung die Leckerchen vom Boden auf, damit Ihr Hund nicht in den Konflikt gerät, nicht zu wissen, ob er sie nehmen darf oder nicht.

Klare Kommunikation ist das Wichtigste beim Lernen.

Futter von Fremden

Lassen Sie die Übungen von Tag eins bis drei von wenigstens drei verschiedenen Personen durchführen. (Vorausgesetzt er hat keine Probleme mit Menschen!)
Das „Hey!“ kommt jedoch von Ihnen und nicht vom Futterverteiler. Dieser soll nur die Konsequenz bei Nichtbeachtung des Signals ausführen. Also die Hand schließen oder den Fuß auf das Leckerchen am Boden stellen.

Stellen Sie sich anfangs direkt neben den Futterverteiler. Sollte dieser Probleme haben mit der Ausführung der Konsequenzen, dann machen Sie ruhig ein paar Trockenübungen ohne Hund.

Reagiert Ihr Hund wie gewünscht auf Ihr Signal, steigern Sie nun die Entfernung. Halten Sie anfangs einen Schritt Abstand erhöhren Sie die Entfernung auf wenigstens fünf Meter.

Vergessen Sie nicht, die Alternative zu üben und zu loben. Loben Sie Ihren Hund, wenn er sich richtig verhält und belohnen Sie ihn bei sich.

Machen Sie an diesem Tag jede Übung fünf Mal mit je vier Versuchen. Gibt es Probleme, dann nehmen Sie den fünften Tag auch noch für diese Übungen und vergrößern Sie den Abstand in kleineren Schritten.

Unterbrechungssignal mit Ball

Wenn Ihr Hund kein Ballfan ist oder diese Übung ohne Probleme auch auf der schwierigsten Stufe klappt, dann wiederholen Sie das Ganze mit Futter.

Zeigen Sie dem Hund den Ball und sagen Sie deutlich „Hey!"

Lassen Sie den Ball hinter sich fallen (nicht werfen!) und geben Sie auch dabei Ihr Hey-Signal.

Wenn Ihr Hund zum Ball möchte, stellen Sie sich mit gespreizten Händen vor Ihren Hund und geben erneut das Hey-Signal. Schubsen Sie ihn wenn nötig kräftig von sich weg, lassen ihn aber sofort wieder los.

Warten Sie, bis Ihr Hund Sie kurz anschaut, markieren Sie diesen Blickkontakt mit einem Klick und spielen Sie zusammen mit dem Ball.

Trainieren Sie das pro Spaziergang fünf bis zehn Mal. Falls Sie es nicht schaffen sollten, Ihren Hund davon abzuhalten, den Ball zu nehmen, dann binden Sie ihn an einen Baum/Zaun o.ä., so dass die Leine ihn hält, wenn er an Ihnen vorbei rennen will.

Macht Ihr Hund keine Versuche mehr, bei Ihrem „Hey!“ hinter dem Ball herzulaufen, steigern Sie die Schwierigkeit, indem Sie den Ball ca. einen Meter hinter sich werfen, später auch neben sich. Haben Sie auch damit keine Probleme mehr, probieren Sie nun folgendes:

Nehmen Sie den Hund an die Leine, sagen Sie wieder deutlich „Hey!“ und werfen Sie den Ball (anfangs kürzer und schwach, bei Erfolg kräftiger) weiter von sich weg, auch hinter den Hund. Da Sie nun hinter den Hund werfen, können Sie ihn schlechter durch Körpersignale stoppen, wenn er loslaufen sollte. Er wird nun durch die Leine aufgehalten, die maximal einen Meter lang sein sollte. Rennt er trotz Ihres „Hey!“ in die Leine, nehmen Sie die Leine kurz, heben den Ball kommentarlos auf. Probieren Sie das Ganze erneut mit einem weniger kräftigen Wurf.

Bleibt Ihr Hund auf Ihr „Hey!“ hin stehen, warten Sie auf den Blickkontakt, markieren diesen und stürzen dann mit ihm gemeinsam zum Ball, um zusammen damit zu spielen.

Üben Sie jeden Schritt, bis er zuverlässig klappt und steigern Sie erst dann die Schwierigkeit! Vermeiden Sie Fehler, indem Sie die Trainingsschritte klein und erfolgreich halten. Steigern Sie bei Erfolg die Schwierigkeit dieser Übung, indem Sie…

? immer weiter und kräftiger werfen

? öfter ohne Signal den Hund direkt nach dem Wurf laufen lassen und nur selten das Hey-Signal geben

? das Hey nicht mehr VOR dem Werfen sagen, sondern immer weiter hinauszögern. Dabei nicht mehr nur Blickkontakt belohnen, sondern auf das Zurückkommen *warten* bzw. den Hund erst *zurückrufen*, bevor Sie beide zum Ball rennen.

Das Ziel dieser Übung haben Sie erreicht, wenn Ihr Hund sich durch ein Hey stoppen lässt und zu Ihnen zurückkommt, nachdem er schon mehrere Meter hinter dem Ball hergelaufen ist.

Das Ganze lässt sich auf ähnliche Weise noch jagdähnlicher gestalten, wenn Sie statt des Balls einen echten Hasenbalg (vom Jäger oder Fleischer)

nehmen und diesen von einer zweiten Person mit mindestens zehn Meter Schnur am Fahrrad hinterher ziehen lassen.

Bei reinen Sichtjägern oder zum Anfang des Trainings reicht oft auch ein Bündel Stoff oder gefüllte und zusammengebundene Handschuhe, das bzw. die hinter dem Fahrrad an einem Seil herhoppeln.

Wenn Ihr Hund sich in allen Situationen unterbrechen lässt, probieren Sie es nun auch in Wildsituationen. Senken Sie hier jedoch wieder Ihre Anforderungen. Nehmen Sie ihn also an die kurze Leine und steigern Sie die Ablenkung Stück für Stück.

Ein Unterbrechungssignal kann die Möglichkeit bieten, ein alternatives Signal anzubringen. Allein wird es bei einem Hund, der richtig jagt, nie reichen, um das Problem zu lösen.

Es ist eine Möglichkeit für einige Hunde, die noch ansprechbar sind und damit einen Versuch wert. Vergessen Sie jedoch nie das alternative Signal und bauen Sie ein Unterbrechungssignal sorgfältig und emotionslos auf.

Der Aufbau des „Komm!“ - Signals

Ein zuverlässiges „Komm!“ - Signal ist für Sie und für Ihren Hund sehr wichtig. Denn je zuverlässiger Ihr Hund sich aus diversen Situationen abrufen lässt, desto mehr Freiheiten können Sie ihm ermöglichen. Hunde sind Lebewesen. Das macht sie fehlbar. Im vorderen Teil des Buches wurde bereits erörtert, warum Belohnung und nicht Strafe als Mittel für die Erziehung gewählt werden soll. Ihr Hund soll lernen zu kooperieren, statt den ersten unaufmerksamen Moment Ihrerseits abzupassen, um durchzustarten.

Bitte kreuzen Sie an, ob folgende Kriterien für Ihr „Komm!“ - Signal zutreffen:

- ☐ Ich habe das „Komm!“ - Signal ohne jegliche Anwendung von Strafe aufgebaut oder abgesichert.
- ☐ Ich kann meinen Hund in normaler Stimmlage rufen. Er reagiert freudig und kommt daraufhin (ausgenommen bei zu großer Ablenkung).
- ☐ mein Hund kommt seinem Temperament entsprechend freudig angaloppiert bzw. angetrabt.

Konnten Sie drei Kreuzchen machen? Dann lesen Sie weiter bei der Generalisierung des „Komm!“ – Signals auf Seite 136.

Sie konnten nicht alle Aussagen ankreuzen? Dann lohnt sich ein Neuaufbau bzw. eine Optimierung Ihres „Komm!“ - Signals. Denn mit Ihrem jetzigen „Komm!“ - Signal hat Ihr Hund bereits bestimmte Verknüpfungen gespeichert, vielleicht sogar negative Verknüpfungen. Beim Neuaufbau achten Sie darauf, dass Sie ein anderes Signal wählen als Sie das bisher verwendete.

Überlegen Sie sich, was Sie ab jetzt als „Komm!“ - Signal verwenden möchten. Es soll ein Signal sein, was Sie im Alltag nicht verwenden. Somit scheidet „Komm!“ aus. Denn erfahrungsgemäß neigt man oft zu „Komm mit!“, „Komm mal her!“, „Komm, bleib!“ und ähnlichen Variationen. Beliebte „Komm!“ - Signale sind „Zu mir!“ und „Hier!“.

Suchen Sie einen ablenkungsarmen Ort auf, zum Beispiel Ihr großes Wohnzimmer, Ihren langen Flur, Ihren Garten, einen Parkplatz oder eine ähnliche Örtlichkeit, in der Ihr Hund wenig abgelenkt ist. Halten Sie den Klicker, beliebte Leckerchen und Zerrspielzeug bereit.

Animieren Sie Ihren Hund durch Gesten dazu, sich auf Sie zu zu bewegen. Das erreichen Sie durch aufmunterndes auf die Schenkel klopfen oder in die Hände klatschen, durch Hinhocken, Wegrennen oder durch Aufmerksamkeit heischende Geräusche wie zum Beispiel Schnalzen. Ihre Körperhaltung sollte etwas vom Hund abgewandt sein. Eine frontale Körperhaltung oder gar sich nach vorne beugen und den Hund direkt anschauen bzw. anstarren, könnte Ihren Hund vom Kommen abhalten. Auf „hündisch" würden Sie mit einer frontalen Körperhaltung und starrendem Gesichtsausdruck „Bleib weg!" sagen.

Besser versteht Sie Ihr Hund, wenn Sie sich selbst parallel zu den auffordernden Gesten ein paar Schritte rückwärts bewegen oder einen Seitwärtsschritt machen.

Wenn Ihr Hund sich auf Sie zu bewegt, geben Sie Ihr „Komm!" - Signal. Kurz bevor er bei Ihnen angekommen ist, klicken Sie und geben ihm seine Bestärkung.

Sobald Sie draußen üben, werfen Sie am besten das Leckerchen oder ein entsprechendes Wurfspielzeug in die Laufrichtung des Hundes. Durch die Belebung des Leckerchens oder Spielzeugs, wird der belohnende Effekt erhöht. Klicken Sie während Ihr Hund noch läuft, da das Laufen des Hundes verstärkt werden soll.

Der Klick beendet die Übung, also klicken Sie erst, wenn Ihr Hund fast bei Ihnen ist. Unterstützen Sie ihn jedoch durch verbales Freuen. Sie können die Übung etwas variieren, indem Sie Ihren Hund entweder festhalten lassen oder in der Bleibposition warten lassen.

Wenn diese Übung gut klappt, also Ihr Hund schnell und zuverlässig angerannt kommt, dann probieren Sie, das „Komm!“ - Signal in einem Moment zu geben, in dem Ihr Hund nicht zu Ihnen schaut.

Kommt er? Dann hat er Ihr Signal mit dem Verhalten Herankommen verknüpft. Nun können Sie etwas mehr Ablenkung in Ihr Training einbauen. Werfen Sie einen Blick auf die von Ihnen ausgefüllte Generalisierungsskala und wählen Sie den Ort bzw. die Situation, die für Ihren Hund weniger reizarm ist als Ihr Haus, Garten oder wo Sie das „Komm!“ - Signal aufgebaut haben. Erst wenn Ihr Hund zuverlässig an dem Ort/der Situation, der/die als erster Punkt auf Ihrer Generalisierungsskala notiert ist, herankommt, erhöhen Sie die Ablenkung.

Ihr Hund reagiert nicht?

? Geben Sie Ihr Schade-Signal (Seite 85) und gehen weg bzw. verstecken sich.
? Loben Sie nur verbal wenn er dann kommt.
? Wiederholen Sie die Übung sofort noch einmal.

► Lernziel: sofortiges Kommen wird belohnt, verzögertes Kommen führt zum Verlust des Besitzers

Weggehen nicht möglich?

? Stellen Sie den Fuß auf die Leine.
? Warten Sie auf Aufmerksamkeit Ihres Hundes.
? Geben Sie das Signal erneut.

Achtung: **Geben Sie in der Anfangszeit das Signal nur, wenn Sie sich sicher sind, dass Ihr Hund auch kommt. Je häufiger Sie erfolglos rufen, desto unwichtiger wird das Signal für Ihren Hund.**

Es können Situationen auftreten, in denen von Ihnen erwartet wird, Ihren Hund zu rufen. Sie selbst wissen jedoch, dass das in dem Moment noch zu schwierig für Ihren Hund ist. Benutzen Sie dann am besten irgendein anderes Wort zum Rufen. Ihre Mitmenschen werden meinen, dass Sie es wenigstens versucht haben. Zudem verderben Sie sich nicht Ihren sorgfältigen Aufbau und die Generalisierung des richtigen „Komm!" - Signals.

Kurzanleitung:

1 *Beginnen Sie an einem ablenkungsarmen Ort.*
2 *Machen Sie auffordernde Gesten.*
3 *Geben Sie Ihr „Komm!" - Signal in dem Moment, in dem Ihr Hund auf-Ssie zuläuft und motivieren Sie ihn per Stimme.*
4 *Klicken Sie (und belohnen dann) während Ihr Hund noch läuft, aber erst kurz bevor er bei Ihnen ist.*
5 *Rufen Sie ihn auch aus der Bleibposition oder wenn er festgehalten wurde.*
6 *Steigern Sie nach und nach die Ablenkung.*
7 *Wenn der Hund auf Signal nicht reagiert, sagen Sie „Schade!" und gehen weg bzw. verstecken sich.*

Neben der „normalen Generalisierung", also dem Training an den Orten bzw. in den Situationen Ihrer Generalisierungsskala, gibt es spezielle Übungen, das „Komm!" - Signal noch intensiver zu trainieren. Die Beschreibung zur Durchführung der speziellen Generalisierungsübungen folgt im nächsten Abschnitt.

Generalisierung des „Komm!“ - Signals

Der Spaziergehalltag bietet sicherlich viele Gelegenheiten das „Komm!“ - Signal zu generalisieren. Um den Vorgang der Generalisierung zu beschleunigen, lohnt es sich, künstliche Übungssituationen herzustellen. Das bedeutet, dass Sie selbst im richtigen Moment mit entsprechender Belohnung und gegebenenfalls. der Schleppleine gut ausgerüstet sind. Die Ablenkung sollte kalkulierbar sein. Das könnte je nach Hund Futter, Spielzeug, ein Wildgehege, der Streicheltierzoo, ein Hühnerauslauf, eine Örtlichkeit mit vielen Kaninchen und vieles anderes sein.

Abrufen von Futter/Spielzeug

Beginnen Sie mit der Ablenkung durch Futter. Übergeben Sie für Ihren Hund deutlich erkennbar einer Hilfsperson ein paar Leckerchen, aber achten Sie darauf, dass die Hilfsperson bei den ersten Versuchen weniger interessante Leckerchen bei sich trägt als Sie selbst

Die Hilfsperson entfernt sich einige Meter, der unangeleinte oder mit der Schleppleine gesicherte Hund kann und wird ihr folgen. Die Hilfsperson soll den Hund nicht beachten, sondern einfach nur still stehen und die Leckerchen erhöht dicht am Körper halten.

Rufen Sie Ihren Hund mit Ihrem „Komm!“ - Signal..

Hat Ihr Hund sich erfolgreich abrufen lassen, dann belohnen Sie ihn dafür fürstlich.

Wenn er trotz Ihres „Komm!“ - Signals an der Hilfsperson „klebt“, dann geben Sie Ihr „Schade!“-Signal, gehen einfach weg und verstecken sich. Spätestens wenn Ihr Hund bemerkt, dass Sie nicht mehr da sind, wird er Sie suchen. Dauert es länger, dann kann sich die Hilfsperson demonstrativ vom Hund wegdrehen.

Ihr Hund wird schnell lernen, dass auf sein Nicht-Kommen die Konsequenz „Frauchen oder Herrchen ist weg“ folgt und auch das Objekt seiner Begierde verschwindet.

Wenn er sich aus einigen Metern Entfernung von der Hilfsperson ohne zu zögern hat abrufen lassen, dann vergrößern Sie den Abstand zwischen sich und der Hilfsperson.

Klappt auch das gut, können Sie dazu übergehen, der Hilfsperson bessere Leckerchen zu geben als Sie haben oder die Hilfsperson kann den Hund vorher etwas auf das Leckerchen fixieren, indem sie es vor ihm herschwenkt oder damit wegrennt.

Sie können das Leckerchen auch an ein Seil binden, das die Hilfsperson halten soll. Setzen Sie Ihren Hund im Sitz-Bleib ab, gehen am Leckerchen vorbei und rufen Ihren Hund.

Falls er der Belohnung zu nahe kommt, kann die Hilfsperson das Leckerchen schnell zu sich ziehen und hochnehmen, so dass Ihr Hund es nicht bekommt.

Sie haben es geschafft, wenn Ihr Hund z.B. an einem Stück Ochsenziemer kauen darf oder an einer Tube mit Leberwurst nuckelt und Sie ihn davon abrufen können.

Diese Übung ist ebenso übertragbar auf Spielzeug, vorausgesetzt Ihr Hund mag sein Spielzeug sehr gerne. Auch in Bezug auf Spielzeug gibt es Unterschiede im Beliebtheitsgrad.

Beachten Sie, dass bei der Verteilung des Spielzeuges zwischen Ihnen und der Hilfsperson, so dass die Hilfsperson anfangs weniger beliebtes Spielzeug bei sich trägt als Sie. Die Hilfsperson kann das Spielzeug erst ruhig halten, eventuell quietschen. Dann etwas bewegen, sich mit dem Spielzeug bewegen, ein Zerrspiel anfangen und vieles mehr.

Eine Reizangel kann ebenfalls hilfreich beim „Komm!“ - Training sein. Eine Reizangel ist ein ca. zwei Meter langer Stock mit einem etwa drei Meter langen Bindfaden. An dem Faden wird das Objekt der Begierde befestigt, ein Spielzeug oder ein gefüllter Futterbeutel.

Für Hunde, die weder Spielzeug noch Futter interessiert, kann auch ein Stück aus einem Rehfell genommen werden oder ein mit künstlichen Duftstoffen präparierter Critter. Auf die Bezugsquellen für den Critter, die Duftstoffe und echte Reh- bzw. Kaninchenfelle verweist der Anhang.

Geben Sie einer Hilfsperson die Reizangel. Lassen Sie den Hund das an der Reizangel befestigte Objekt verfolgen. Er soll auf keinen Fall daran kommen.

Rufen Sie den Hund genauso wie bei der vorher beschriebenen Übung. Für ein erfolgreiches Abrufen bekommt er nach dem Klick das Objekt an der Reizangel.

Ihnen fallen sicherlich noch viele Variationen ein, wie Sie Ihren Hund ablenken können, um ihr „Komm!“ - Signal zu generalisieren. Dieselben Übungen eignen sich natürlich, um das Steh/Sitz/Platz in Entfernung zu üben.

Kurzanleitung:

1 *Hund durch eine Hilfsperson mit Futter, Spielzeug oder einem echten Tierfell ablenken lassen*

2 *Hund mit „Komm!“ - Signal rufen*

3 *wenn Hund sofort kommt, fürstlich belohnen*

4 *wenn Hund nicht reagiert, „Schade!“, weggehen und verstecken*

Ablenkung durch Tiere im Gehege

Für diese Übungen benötigen Sie eine Schleppleine, falls es Zaunlücken oder andere unvorhergesehene Schwierigkeiten geben sollte.

Die Reaktion des Hundes auf die Tiere hat sich in der Praxis in zwei extremen Tendenzen gezeigt. Gerade bei Vorstehhunderassen ist in der Regel kaum Interesse an den Tieren zu erkennen. Nordische Rassen, zum Beispiel Huskys, zeigen in hohem Maße aufgeregtes Verhalten. Sie bellen und jaulen, springen ruckartig in die Leine oder gegen den Zaun und sind kaum oder überhaupt nicht ansprechbar.

Gehen Sie mit Ihrem Hund an einer Zweimeterleine auf ein entsprechendes Gehege zu. Geben Sie Ihrem Hund einige Momente, um die Tiere im Gehege überhaupt zu bemerken. Manchmal bedarf es einiger Geräusche oder Bewegungen von den Tieren im Gehege, bevor der Hund etwas mitbekommt.

Hat Ihr Hund eher wenig Interesse an den Gehegetieren, dann sind für Ihr Training lediglich die ersten Momente wichtig. Geben Sie genau in dem Moment Ihr „Komm!“ - Signal, in dem Ihr Hund neugierig die Tiere beäugt bzw. sichtbar mit der Nase Witterung aufnimmt.

Lässt Ihr Hund sich sofort abrufen, dann hat er eine fürstliche Belohnung verdient. Beenden Sie das Gehegetraining, wenn Ihr Hund sich nicht mehr weiter ablenken lässt.

Reagiert Ihr Hund nicht auf Ihr erstes „Komm!“ - Signal, warten Sie kurz ab und probieren es höchstens noch ein zweites Mal. Gehört Ihr Tier zu den am Gehege stark abgelenkten Hunden, dann variieren Sie Ihre Distanz zum Gehege.

Wenn Ihr Hund die Tiere bemerkt hat und Anzeichen höchster Erregung aussendet, entfernen Sie sich einige Hundert Meter vom Gehege und nehmen Ihren Hund einfach am Geschirr mit.

Bewegen Sie sich langsam wieder auf das Gehege zu und testen Sie, in welchem Abstand Ihr Hund noch auf Ihr „Komm!“ - Signal reagiert.

Hier beginnen Sie Ihre Übungen. Trainieren Sie sich wenn nötig, Schritt für Schritt an das Gehege heran, indem Sie den Hund immer wieder abrufen und mit einem kurzen Sprint zum Abreagieren belohnen.

Reagiert er gar nicht, warten Sie ab und versuchen es erneut, oder gehen wieder weiter weg. Machen Sie nach vier bis fünf Minuten eine längere Pause, in der Sie sich weit vom Gehege entfernen und den Hund zur Ruhe kommen lassen. Denken Sie daran, dass Sie hier mit konkurrierenden Bestärkungen arbeiten müssen. Sie können ihn nicht hetzen lassen, deshalb muss Ihre Bestärkung für das Befolgen des „Komm!“ wirklich sehr gut sein und sollte in jedem Fall Bewegung enthalten. Sprinten Sie mit Ihrem Hund, machen Sie ein wildes Zerrspiel oder lassen Sie ihn Futter suchen.

Trainieren Sie pro Tag maximal zweimal vier bis fünf Minuten, um den Hund nicht zu überfordern und wieder zur Ruhe kommen zu lassen. Trainieren Sie so oft am Gehege, bis Sie Ihren Hund direkt vom Gehege abrufen können. Das kann durchaus längere Zeit dauern.

Es gibt verschiedene Erklärungen, warum manche Hunde auf die Tiere im Gehege nicht reagieren, obwohl sie sie in freier Wildbahn jagen würden.

Das Desinteresse kann u.a. an der Lernerfahrung mit Zäunen liegen. Manche Hunde wissen, dass jegliche Kraftanstrengung ins Leere läuft, da sie die Zäune nicht überwinden können. Für diese Fälle gibt es Wildparks, die Sie mit angeleintem Hund besuchen dürfen. Hier können Sie ohne Zaun zwischen sich und z.B. den Rehen üben, wie es weiter oben beschrieben worden ist.

Wenn Sie etwas ländlicher wohnen, haben Sie eventuell auch die Gelegenheit, in Nachbars Hühnerauslauf mit angeleintem Hund zu üben oder im Ziegenstall. Bei Übungen im Hühnerauslauf beachten Sie bitte, dass manche Hühner sich der Gefahr nicht bewusst sind, die von Ihrem Hund ausgeht.

Nehmen Sie am besten eine Hilfsperson mit, die die Hühner in eine andere Richtung treibt, falls es nötig sein sollte. Falls Ihr Hund an einen Maulkorb gewöhnt ist, kann dieser die Hilfsperson überflüssig machen.

Ein weiterer Grund für das Desinteresse an Gehegetieren könnte sein, dass Ihr Hund in einen „Arbeitsmodus" umschaltet. Weil er die Trainingssituationen erkennt und dementsprechend gelassen reagiert. Auf einem normalen Spaziergang fiele er wahrscheinlich in alte Verhaltensweisen zurück und würde bei Ablenkung durch Wild auf Ihr „Komm!" - Signal nicht unbedingt reagieren. Deshalb empfiehlt es sich, viele verschiedene Gehege zu besuchen und dort nur kurz zu üben, um jeden Anschein von gezieltem Training zu vermeiden. Trainieren Sie das „Komm!" - Signal vor allem in für den Hund unerwarteten Situationen, wenn er beispielsweise gerade sein Leckerchen fressen will, das Bein heben will oder im Begriff ist, die Wohnung zu betreten.

Manche Hunde irritiert auch das Verhalten anderer Tiere im Gehege. Ein Reh in freier Wildbahn würde beispielsweise dem Hund kaum entgegen treten und von Frauchen oder Herrchen Futter erhoffen. Es würde mit hoher Wahrscheinlichkeit flüchten, und so für fast alle Hunderassen den Auslösereiz bieten. Höchstwahrscheinlich riechen Gehegetiere auch anders als frei lebende Tiere.

Vorausgesetzt Ihr Hund reagiert auf die Tiere hinter dem Zaun, bietet ein solches Gehege gute Möglichkeiten, gezielt das Abrufen zu trainieren. Sollte das Abrufen am Zaun klappen, heißt das freilich noch nicht, dass dies auch problemlos ohne Zaun geschieht. Wenn Ihr Hund sich ohne Schwierigkeiten von und eventuell in einem Gehege abrufen lässt, dann gehen Sie zur nächsten Übung über.

Ablenkung durch wildlebende Tiere

Bevor Sie mit dieser Übung beginnen, halten Sie Ausschau nach Orten, wo Sie Kaninchen oder Rehe antreffen. Kaninchen finden sich in der Regel in der Nähe von Friedhöfen, Golfplätzen, Parkanlagen, Kleingartenanlagen, im Morgengrauen oder zur Abenddämmerung auch auf den meisten Feldern und Äckern.

Gestalten Sie die Übung genauso wie am Gehege. Also beginnen Sie im großen Abstand und mit normaler Leinenlänge. Wenn der Hund einem Kaninchen hinterherläuft und sich an der normalen Leine gut abrufen lässt, wechseln Sie zur Schleppleine. Denken Sie daran, die Schleppleine langsam abzuwickeln, damit Ihr Hund nicht mit voller Wucht in die Leine rennt. Sein sofortiges Reagieren auf das „Komm!“ - Signal können Sie dadurch belohnen, dass Sie ihn an der Schleppleine noch ein Stück hinter dem Kaninchen her rennen lassen.

Ihre Reaktion auf das gezeigte Verhalten Ihres Hundes muss eindeutig sein. Wenn Ihr Hund sofort auf ihr „Komm!“ - Signal reagiert, gibt es eine entsprechend große Belohnung. Reagiert er nur zögernd, gibt es eine geringere Belohnung, vielleicht nur Futter. Wenn er gar nicht auf Ihr „Komm!“ - Signal reagiert, dann bleiben Sie stehen und probieren es noch einmal. Für das nächste Mal wissen Sie, dass der Abstand zum Üben noch zu gering ist, so dass Ihr Hund zu keinem schnellen Erfolg kommen kann. Sie üben also erstmal im größeren Abstand zum Objekt der Begierde und verringern erst später wieder den Abstand.

Natürlich sind in freier Natur die Rahmenbedingungen nicht so homogen wie im Wildgehege oder mit Hilfspersonen. Oft schießen die Tiere plötzlich unter einem Busch hervor und überrumpeln Sie völlig. Bereiten Sie sich deshalb gründlich darauf vor. Erwarten Sie hinter jedem Busch ein Kaninchen und spielen Sie die Szene immer wieder durch. Lassen Sie sich, wenn nötig, von einem Bekannten hinter dem Busch erschrecken. Sie werden wissen, wie schwer es ist, in einem Schreckmoment richtig zu reagieren. Wie oft haben Sie sich hinterher geärgert über Ihr Verhalten? Halten Sie die Schleppleine gut fest und geben Sie so schnell wie möglich das „Komm!“ - Signal. Gehen Sie dabei in die entgegengesetzte Richtung und halten Sie die Leine fest! Vergessen Sie nie die Superbelohnung, wenn Ihr

Hund - vielleicht verblüfft oder reflexartig durch das gute Vortraining - tatsächlich Blickkontakt zu Ihnen aufnimmt.

Bis jetzt sind Sie immer ruhig und normalen Schrittes auf die Objekte der Begierde zu gegangen. Probieren Sie auch mal, mit Ihrem Hund schneller hin zu gehen oder sogar hin zu rennen. Rufen Sie Ihren Hund aus dem Rennen ab. Achten Sie darauf, selbst stehen zu bleiben, um das als deutliches Sichtzeichen für Ihren Hund zu nutzen. Wenn ihr Hund nicht reagiert, bewegen Sie sich noch etwas mit in seine Richtung, um den Moment abzudämpfen, in dem der Hund das Ende der Schleppleine erreicht. Sie haben sicherlich selbst noch einige Ideen zur Abwandlung der Übung und somit zur Generalisierung des „Komm!" - Signals.

Vergessen Sie nicht, das „Komm!" - Signal bei den Schleppleinentrainingsschritten zwei und drei zu trainieren, wenn Sie soweit sind. Eventuell müssen Sie hier Ihre Anforderungen wieder etwas herunterschrauben, falls Ihr Hund weniger gut reagiert. Testen Sie dann, ob Ihr Hund auch zuverlässig zurückkommt, wenn das Ende der Schleppleine deutlich entfernt von Ihnen schleift, der Radius des Hundes also groß ist.

Funktionieren die Übungen zur Generalisierung des „Komm!" - Signals mit schleifender Schleppleine zuverlässig, dann machen Sie die Schleppleine ab und üben wie zuvor.

Wenn Sie den Eindruck haben, Ihr Hund reagiert auf Ihr „Komm!" - Signal unter bestimmter Ablenkung unzuverlässig, dann legen Sie die Schleppleine zeitweise wieder an. Das bedeutet, dass Sie die Schleppleine nur in bestimmten Situationen anlegen oder in bestimmten Abschnitten des Spaziergehgebietes oder einfach zwischendurch ein paar Minuten lang.

Es wird immer Tage geben, an denen Ihr Hund, aus welchen Gründen auch immer, unkonzentriert ist. Das können hormonelle Gründe sein, Auswirkungen von Stress, eine veränderte Umwelt und vieles mehr. An solchen Tagen tun Sie sich selbst einen Gefallen, wenn Sie die Schleppleine übergangsweise nutzen.

Sitz/Platz in Entfernung

Alternativ oder ergänzend zum „Komm!"-Signal fungiert das Sitz oder Platz in der Entfernung. Manchen Hunden fällt es leichter, sich beim Anblick von Wild ins Sitz oder Platz rufen zu lassen, statt den Blick vom Wild abwenden zu müssen. Dazu zählen vor allem die Hunde, die eher energiesparender leben bzw. etwas träger sind, wie zum Beispiel viele Herdenschutzhunde. Auch für Hunde, die trotz sorgfältigem Aufbau des "Komm!" - Signals meistens trabend und eher zögerlich kommen, ist das Sitz/Platz auf Entfernung eine Alternative.

Bevor Sie mit dem Training von Sitz oder Platz in der Entfernung beginnen, sollte es bei verschiedenen Ablenkungen neben Ihnen klappen. Das bedeutet, dass Ihr Hund sich schnell und gerne hinsetzt bzw. hinlegt.

Hunde sind sehr gute Beobachter. Ihr Hund hat beim Erlernen von Sitz und Platz oft nicht nur Ihr Sicht- und Hörzeichen gelernt, sondern noch viele andere visuelle Eindrücke, die Ihnen wahrscheinlich gar nicht bewusst sind. Dazu gehören das Vornüber beugen zum Hund, Ihre ganze Frontansicht und ähnliches.

Denken Sie daran, dass Ihr Hund in weiterer Entfernung diese Signale nicht mehr wahrnimmt oder Sie sie vielleicht auch gar nicht mehr aussenden. Das ist ein Grund, warum Hunde nicht auf gelernte Signale reagieren, wenn sie weiter entfernt sind.

Es ist deshalb wichtig, dass Sie erstens erkennen, auf welche Signale Ihr Hund genau achtet und dass Sie dann unnötige Signale ausschleichen.

Ihr Hund soll lernen, dass „Sitz!" bedeutet, da wo er gerade ist, unverzüglich mit dem Hintern den Boden zu berühren – egal was Frauchen oder Herrchen gerade macht.

Geben Sie Ihrem Hund das Signal wenn Sie selbst sitzen, liegen, mit dem Rücken zu ihm stehen, hüpfen, tanzen, hinter einem Baum stehen etc.

Wenn Ihr Hund sich vorerst nur zögernd hinsetzt oder gar nicht, warten Sie etwas und wiederholen Ihr „Sitz!“ freundlich bis er sich setzt.

Belohnen Sie vorerst auch die schlechteren Ausführungen. Üben Sie mit Ihm die nächsten Tage das Sitz in diversen Körperpositionen Ihrerseits. Wenn Ihr Hund trotz Ihrer akrobatischen Einlagen richtig und schnell auf Ihr Signal reagiert, hat er wirklich nur das gewünschte Signal gelernt.

Ein anderer wichtiger Punkt ist, dass Ihr Hund sowohl auf Ihr Sichtzeichen als auch auf Ihr leise und freundlich ausgesprochenes Hörzeichen hin reagieren soll. Es macht immer Sinn, dass ein Hund auf eine leise und freundliche Stimmlage reagiert. In brenzligen Situationen haben Sie dann umso mehr Chancen, dass Ihr Hund sich von Ihrer lauten und tiefen Stimmlage beeindrucken lässt.

Wenn Sie die oben beschriebenen zusätzlichen visuellen Zeichen ausgeschlichen haben, dann können Sie zum Aufbau des Sitz oder Platz auf Entfernung übergehen. Wählen Sie einen ablenkungsarmen Ort.

Lassen Sie Ihren angeleinten Hund von einer Hilfsperson festhalten oder binden Sie ihn an. Die Hilfsperson soll Ihren Hund lediglich festhalten, aber auf keinen Fall nachhelfen, falls Ihr Hund nicht sofort mitmacht.

Entfernen Sie sich etwa zwei Meter kommentarlos von Ihrem Hund und geben Sie Ihr Hör- und Sichtzeichen für Sitz bzw. Platz.

Sobald Ihr Hund sitzt bzw. liegt, klicken Sie und werfen ihm seine Belohnung so zu, dass er aufstehen muss. Falls Ihr Hund sich schnell und sicher setzt/legt, können Sie den Abstand zu ihm vergrößern. Steigern Sie die Entfernung zwischen Ihnen und Ihrem Hund Schritt für Schritt immer dann, wenn die Übung in der vorherigen Entfernung gut funktioniert hat. Wechseln Sie die Orte für diese Übung und steigern Sie somit die Ablenkung.

Beherrscht Ihr Hund das Sitz oder Platz auf Entfernung mit Hilfsperson - oder Baum - gut, dann probieren Sie folgendes:

Warten Sie einen Moment ab, in dem Ihr Hund in ein paar Meter Entfernung vor Ihnen herläuft.

Sagen Sie seinen Namen, das Hörzeichen und vergessen Sie das Sichtzeichen nicht. Reagiert Ihr Hund darauf und setzt bzw. legt sich hin, klicken und belohnen Sie ihn.

Kommt Ihr Hund ein Stück auf Sie zu, versuchen Sie ihn durch ein „Ähäh!“, eine vorgelehnte Körperhaltung und vorgestreckte Hände bzw. Ihrem Sichtzeichen für das Bleiben zu stoppen. Ihr Körper soll in diesem Fall frontal zum Hund zeigen und sich eventuell sogar auf ihn zu bewegen.

Sobald er stoppt, wiederholen Sie Ihr Hör- und Sichtzeichen. Falls er es ausführt, klicken und belohnen Sie ihn. Falls er trotzdem zu Ihnen kommt, bekommt er keine Belohnung.

Hat der erste Versuch nicht geklappt, lassen Sie beim zweiten Versuch den Namen des Hundes weg. Manche Hunde haben Ihren Namen schon stark mit dem Herkommen verknüpft.

Wenn auch das nicht funktioniert, verringern Sie beim nächsten Versuch die Entfernung, bevor Sie Ihr Signal geben, und üben bei Bedarf noch einmal mit Hilfsperson oder Baum.

Kurzanleitung:

1 *Schleichen Sie visuelle Zeichen aus.*
2 *Binden Sie den Hund an und geben Sie in etwa zwei Meter Entfernung das Hör- und Sichtzeichen. Belohnen Sie die Ausführung.*
3 *Vergrößern Sie den Abstand zwischen dem Hund und sich.*
4 *Geben Sie Hör- und Sichtzeichen auf dem Spaziergang in geringer Entfernung.*

Üben Sie wie immer in verschiedenen Abständen zwischen Ihrem Hund und Ihnen und bauen Sie die Ablenkung langsam auf. Halten Sie sich an Ihre ausgefüllte Generalisierungsskala.

Frischen Sie diese Übung regelmäßig wieder auf, auch wenn Sie gerade kein Wild treffen. Lassen Sie ihn in den unmöglichsten Situationen absitzen oder –liegen, wenn Sie beide rennen, wenn er jemanden begrüßen möchte, wenn er mit einem anderen Hund spielt, wenn er überhaupt nicht damit rechnet. Und arbeiten Sie mit Zeitfenster wie auf Seite 35 beschrieben.

Weitere Anregungen finden Sie im Kapitel „Generalisierung des "Komm!" - Signals".

Ziel ist es, eine reflexartige Reaktion auf Ihr Signal zu bekommen. Seine Hinterbeine sollten auf Ihr „Sitz!" ganz automatisch einknicken, ohne dass Ihr Hund noch überlegen muss, worum es Ihnen gerade geht. Nur dann haben Sie die Chance, dass er auch beim Anblick von Wild auf Ihr Signal reagiert.

Billy, der Boxer, hatte das „Platz!" in allen möglichen Ablenkungen außerordentlich gut gelernt. Er klappte regelrecht zusammen, wenn er in vollem Lauf das Signal hörte. Als es dann soweit war und er aus Unachtsamkeit seiner Besitzerin doch hinter einem Reh herjagte, legte er sich ebenfalls nach dem Signal ins Platz.. Eine Sekunde später drehte er sich um und schaute ziemlich belämmert zu seinem Frauchen zurück. Er sah aus, als könne er gar nicht glauben, was gerade mit ihm geschah. Frauchen vergaß natürlich nicht, ihrer übergroßen Freude Ausdruck zu verleihen.

Impulskontrolle – Vorstehen

Auf Seite 101 wurden die Hintergründe der Impulskontrolle beschrieben. Sie dient vor allem dazu, Grundlagen zu schaffen, um am Hauptproblem zu arbeiten. Das Vorstehen ist letztendlich auch eine Art Impulskontrolle, die für eigens dafür gezüchtete Hunde sicher einfacher auszuführen ist, als für andere. Dennoch ist es für alle jagenden Hunde eine Möglichkeit, dem Problem zu Leibe zu rücken. Probieren Sie es aus!

Das Vorstehen stammt aus dem Bereich der jagdlich geführten Hunde. Bestimmte Jagdhundrassen wie der Setter und der Münsterländer wurden extra daraufhin selektiert und gehören zu den so genannten Vorstehhunden. Sie haben unter anderem die Aufgabe, einen im hohen Gras befindlichen Fasan anzuzeigen, indem sie ihren ganzen Körper auf den vermeintlichen Standort des Fasans ausrichten, darauf starren und eventuell ein Vorderbein anheben. Der Jäger weiß dadurch, wo sich der Fasan befindet, und kann sich zum Schießen bereithalten. In der Regel scheucht der Jäger das Wild dann selbst auf und die Vorstehhunde werden derweil ins Down (dichtes am Boden liegen) gerufen. Der Ansatz zum Vorstehen ist zwar genetisch verankert, muss aber durch Lernen optimiert werden.

Ein Hund, der (vor-)steht, kann nicht gleichzeitig hetzen. Das ist ein simpler Grundsatz, den wir uns bei allen jagenden Hunden zu nutze machen.

Das Vorstehen wurde bei bestimmten Jagdhundrassen durch Züchtung selektiert. Einige Hunde bieten es also schon von Welpenbeinen an, so dass es gefördert werden kann und sollte. Die genetischen Anteile bedeuten jedoch nicht, dass ein Vorstehhund nun automatisch bei Wild vorsteht, was Sie sicherlich schon bemerkt haben, wenn Sie einen solchen Hund besitzen. Es bedeutet jedoch, dass es leichter herauszukitzeln ist als eventuell ein Rückruf. Sie haben also möglicherweise bessere Chancen, Ihren Hund vorstehen zu lassen, als ihn zurückzurufen.

Dies kann wie gesagt nicht nur für Vorstehhunde gelten, sondern jeden Hund betreffen, je nachdem, wie gut Sie das Training aufbauen. Auch andere Hunderassen und -mixe können lernen, beim Anblick oder bei der Witterung von Wild stehen zu bleiben oder zu zögern, bis ein Alternativverhalten verlangt wird.

Neben der Tatsache, dass ein (vor-)stehender Hund nicht hetzen kann, erweitert das (Vor-)Stehtraining die Ansprechbarkeit Ihres Hundes. Statt beim Anblick oder der Witterung von Wild blindlings loszurennen, bleibt Ihr Hund erst einmal stehen und beobachtet. Der Klicker ist für dieses Training unverzichtbar, da er auch dann noch zum Hundehirn durchdringt, wenn jede Stimme schon versagt. Typisch für spannungsgeladene Situationen ist, dass sich alle Sinne des Hundes nur auf das Wild, das Geräusch oder den Geruch der Begierde konzentrieren. Das führt dazu, dass Ihr Hund beim Anblick von Wild tatsächlich vorerst Ihre Stimme oder Ihre Gestik nicht wahrnehmen kann.

Nach erfolgreichem Training äußert sich das (Vor-)stehen in einem kurzen Zögern des Hundes. Dieses Zögern machen Sie sich zu nutze, um von Ihrem Hund ein Alternativverhalten zu verlangen. In der Praxis sieht das so aus, dass Ihr Hund etwas Interessantes sieht oder riecht, stehen bleibt und hinstarrt. Sie sehen sein Zögern und reagieren mit dem Signal für Steh/Sitz/Platz auf Entfernung oder dem "Komm!" - Signal. Dafür wird Ihr Hund natürlich fürstlich belohnt.

Fast jede Wildsichtung oder jede Spuraufnahme lässt sich für das Üben des Vorstehens nutzen. Doch wie es meistens im Training ist, lassen sich diese unfreiwilligen Statisten genau dann nicht blicken, wenn man gerne üben möchte. Meistens kommt hinzu, dass man im Moment einer Wildbegegnung aufgeregt reagiert und oft vergisst, was man üben wollte. Trockenübungen können nicht schaden.

Bevor Sie loslegen können, benötigen Sie künstliche Ablenkung. In der Praxis haben sich Katzenspielzeuge und Stücke von echten Tierfellen - Kaninchen oder Reh - bewährt. Als Katzenspielzeug eignen sich aufziehbare Mäuse, Igel oder piepsende Mäuse am Band. Sie dürften in jedem Tierzubehörladen erhältlich sein. Die echten Tierfelle sind für viele Jäger Abfallprodukte, so dass Sie einfach mal nachfragen können, ob Sie eins haben dürfen. Das Fell muss dann noch von den restlichen Fleischstücken befreit werden. Zur besseren Haltbarkeit können Sie es salzen und an einem trockenen Ort lagern. Sie müssen es so lange salzen bis keine Flüssigkeit mehr heraus kommt. So bearbeitet hält es sich durchaus ein Jahr und länger. Nicht benötigte Stücke können Sie auch einfrieren. Eine Bezugsquelle für bereits bearbeitete Felle befindet sich im Anhang des Buches. Das Stück Fell wird an eine Schnur, einen Gummi oder die Reizangel gebunden. Sie benötigen außerdem eine Hilfsperson.

Leinen Sie Ihren Hund an. Die Hilfsperson präsentiert in ca. zehn Metern Entfernung das Katzenspielzeug.

Sobald Ihr Hund das Spielzeug bemerkt, aber noch nicht versucht hinzukommen, klicken Sie. Entweder dreht Ihr Hund sich um und Sie können ihn belohnen, indem Sie ihn Leckerchen am Boden suchen lassen.

Oder er versucht danach zum Katzenspielzeug zu gelangen, was durch die Leine verhindert wird. Werfen Sie ihm in diesem Fall das Leckerchen vor die Füße und fordern ihn zum Suchen auf.

Sollte Ihr Hund Ihnen wirklich keine Millisekunde Zeit gegeben haben zu klicken oder war Ihr Hund nicht bereit, das Leckerchen aufzunehmen, dann lockern Sie nach ein paar Sekunden den Zug auf der Leine. Wenn Ihr Hund dann stehen bleibt, die Leine also nicht wieder strafft, klicken Sie und lassen ihn ein Leckerchen suchen. Strafft er die Leine, dann verdoppeln Sie die Entfernung zur Hilfsperson. Vielleicht ist auch die Futterqualität aus Sicht Ihres Hundes zu gering. Probieren Sie Käse, Fleischwurst, gekochte Hühnerherzen und andere Schmankerl aus.

Sie können die Anforderungen folgendermaßen steigern:

? Abstand zwischen Katzenspielzeug und Hund verringern
? Die Dauer des Zögerns trainieren, also später Klicken
? Anderes Katzenspielzeug nehmen bzw. die Hilfsperson ein Stück Fell an der Schnur oder Reizangel ziehen lassen
? Geschwindigkeiten der Ablenkung variieren
? Fell an einem Gummiseil unerwartet über einen Weg schnipsen lassen
? Geräusche ertönen lassen, z.B. mit Hilfe des LilCritter
? Laubrascheln und knickende Äste als Geräusch erzeugen
? An Wildgehegen, Hühnerausläufen usw. üben
? ...

Kurzanleitung:

1 *Nehmen Sie Ihren Hund an die Leine. Eine Hilfsperson lässt Katzenspielzeug in mindestens zehn Meter Abstand quer über den Boden rutschen.*

2 *Wenn Ihr Hund mindestens eine Sekunde beobachtet, klicken Sie und lassen Leckerchen am Boden suchen.*

3 *Rennt Ihr Hund in die (kurze!) Leine, wiederholen Sie die Übung mit größerem Abstand zur Hilfsperson.*

4 *Steigern Sie die Anforderungen.*

Neben dem Training mit gestellten Situationen sollten Sie ab jetzt Ihren Hund genau beobachten. Klicken Sie jedes Zögern, Stehen und in die Gegend starren Ihres Hundes bei den Trainingspaziergängen.

Bietet Ihr Hund trotz der bereits beschriebenen Übungen selten das (Vor-)stehen an, dann probieren Sie folgendes aus:

Wählen Sie ein sehr wildreiches Gebiet an einem Wald oder an Büschen entlang. Im Ruhrgebiet eignen sich z.B. Wege nahe von Golfplätzen, Friedhöfen, Gebiete mit vielen Brombeerhecken, Halden, usw.

Gehen Sie mit Ihrem Hund an diesen Büschen, Hecken etc. an kurzer Leine entlang.

Fangen Sie wirklich jedes Verharren, Zögern und In-die-Büsche-Schauen mittels Klicker ein. In so ablenkungsreicher Gegend wird Ihr Hund wahrscheinlich kein Leckerchen als Belohnung annehmen. Macht nichts, klicken Sie trotzdem jedes Zögern an.

Achtung!

Klicken Sie nun außerhalb der gestellten Situationen jedes Zögern, Stehen und In-die-Gegend-Starren Ihres Hundes an, das er auf den Spaziergängen zeigt.

Gegenkonditionierung

Die Methode der Gegenkonditionierung wird vor allem in der Verhaltenstherapie bei Angst- und Aggressionsproblemen angewandt. Sie dient dazu, eine Emotion wie Angst oder Wut beim Anblick eines Auslösers wie z.B. Mensch, fremde Artgenossen durch eine andere Emotion zu ersetzen bzw. ein bisheriges Verhalten durch ein anderes Verhalten zu ersetzen.

Bisher löste der Reiz des wegrennnenden Rehs das Verhalten Hetzen aus. Unterbricht man diese Kette, indem man den Hund dazu bringen kann, jedes Mal ein anderes Verhalten zu zeigen, kann sich eine neue Reiz-Reaktions-Kette bilden und der Reiz des Rehs löst dann die neue Reaktion aus, statt der Alten.

Diese Methode funktioniert sicherlich nicht bei allen Hunden und man kann an bestimmten Dingen voraussagen, wann es überhaupt Erfolg haben wird. Zwar ist die Reiz-Reaktions-Kette des Jagens nicht vollkommen starr und unveränderlich, aber dennoch so fest verknüpft, dass wir schon sehr gut sein müssen, um sie zu trennen. Erstens darf der Hund ab Beginn des Trainings möglichst nie mehr die alte Reaktion zeigen. Zum Zweiten muss der Hund sich mit konkurrierenden Ressourcen überhaupt ablenken lassen. Drittens verknüpfen Lebewesen unbewusst Dinge miteinander, die gleichzeitig oder maximal zwei Sekunden auseinander liegen. Unser Timing muss also perfekt sein.

Folgende Voraussetzungen erhöhen die Erfolgschance des Trainings:

? *Der Hund verfügt über wenig bis mittleres jagdliches Interesse*

Bei Hunden mit sehr starken Jagdambitionen gibt es nur eine Chance, die Kette zu trennen; wenn der Hund auch auf andere Dinge extrem anspricht.

? *Er jagt hauptsächlich auf Sicht.*

Stöberhunde sind schwer gegenzukonditionieren, weil man den Zeitpunkt nicht erkennen kann, ab dem sie tatsächlich stöbern. Je schlechter das Timing, desto schwieriger ist es, einen neuen Trampelpfad im Gehirn anzulegen.

? *Der Hund kann sich für ein Spielzeug (Stichwort Balljunkie) oder notfalls für ein besonderes Futter wirklich stark begeistern.*

Je besser motivierbar ein Hund ist, desto besser kann man gegenkonditionieren, da der Hund die Alternative dann gern annimmt.

Für das Antijagdtraining soll das bisherige Verhalten (Hetzen bei gesichtetem Wild), durch das Verhalten Spiel mit Frauchen oder Herrchen ersetzt werden. Ihr Hund soll sich bei Wildsichtung automatisch zu Ihnen orientieren, um ein Spiel zu beginnen. Das Wild kündigt also das Spiel an.

Suchen Sie mit Ihrem an der Leine gesicherten Hund und seinem Lieblingsspielzeug oder Lieblingsfutter eine Gegend mit Wildwechsel auf.

In dem Moment, in dem der Hund das Wild erblickt, lenken Sie ihn sofort mit seinem Lieblingsspielzeug oder -futter ab und spielen mit ihm bzw. lassen Futter rollen und suchen.
Entfernen Sie sich dabei soweit, dass Ihr Hund das begehrte Objekt nicht mehr sehen kann. In diesem Moment endet auch das Spiel.

Lässt er sich nicht von Ihnen ablenken, versuchen Sie diese Übung erneut in größerem Abstand zum Wild. Grundsätzlich gilt: Wenn das Objekt der Begierde zu sehen ist, wird gespielt. Sobald es nicht mehr zu sehen ist, endet das Spiel. Damit erleichtern Sie Ihrem Hund die Verknüpfung: Anblick des Objekts der Begierde bedeutet Spiel mit Frauchen oder Herrchen.

Wiederholen Sie diese Übung etliche Male an verschiedenen Orten. Wichtig bei einer Gegenkonditionierung ist, möglichst jede Gelegenheit zu nutzen, um den neuen Reiz zu vermitteln. Auch wenn ein Reh unerwartet Ihren Weg kreuzt, müssen Sie den neuen Reiz parat haben. Nur durch ständigen Erfolg besteht die Chance, dass der erste Reiz, der vom Anblick des Wildes ausgeht, von dem neuen Reiz überlagert wird, der den Hund vom Hetzen und Jagen abhalten soll.

Nach einigen Wochen testen Sie, ob Ihr Hund die gewünschte Verknüpfung herstellt. Suchen Sie einen Ort mit Rehen auf. Sobald Ihr Hund es erblickt, reagieren Sie nicht, sondern beobachten Sie, ob er auf den neu konditionierten Reiz wartet, indem er sich suchend zu Ihnen umdreht. Wenn Ihr Hund keinen Kontakt zu Ihnen herstellt, dann üben Sie weiter wie beschrieben und machen denselben Test einige Wochen später.

Reagiert Ihr Hund wie erwünscht, ist die klassische Konditionierung abgeschlossen und Sie können nun beginnen, ein Verhalten herauszuformen.

Klicken Sie ab jetzt das Verhalten, das er nach Sichtung anbietet, also Blickkontakt, Abwenden etc. Belohnen Sie mit dem, was Ihr Hund als Belohnung erwartet.

Sie haben den Reiz Hinterher rennen erfolgreich gegenkonditioniert! Ihr Hund bietet nun selbständig ein neues Verhalten an.

Wenn Ihr Hund nach Wochen regelmäßig beim Anblick von Wildtieren Blickkontakt zu Ihnen sucht, dann können Sie etwas variabler reagieren. Streuen Sie auch mal „nur" Leckerchen, lassen Sie Ihren Hund suchen oder spielen Sie mit einem weniger hoch im Kurs stehenden Spielzeug.

Denken Sie aber daran, immer wieder auch besonders tolle Bestärkungen einfließen zu lassen. Ihr Hund könnte sonst meinen, dass sich das Jagen vorher für ihn doch mehr gelohnt hat. Ob und wie Sie die Bestärkung variabel gestalten, müssen Sie wie immer selbst entscheiden und ausprobieren.

Kurzanleitung:

1 *Spielen Sie mit Ihrem Hund, sobald er Wild sichtet und vor allem bei JEDER Wildsichtung.*

2 *Beenden Sie das Spiel erst, wenn das Wild aus der Sicht verschwindet.*

3 *Testen Sie nach etlichen Wiederholungen, ob Ihr Hund Wildsichtung mit Spiel bei Ihnen verknüpft hat.*

4 *a) falls ja, bauen Sie das angebotene Verhalten weiter aus.*
b) falls nein, gehen Sie zurück zu Schritt 1.

Klick for Blick

Es gibt eine Möglichkeit, die Gegenkonditionierung zu beschleunigen. Dafür sollte Ihr Hund jedoch schon ein richtiger Klickercrack sein und auf den Klick so begeistert reagieren, dass er sich dann auch in Erwartung der Belohnung umdreht, obwohl Rehe vor ihm stehen.

Bei der Gegenkonditionierung besteht eine gewisse Gefahr darin, dass man Spielzeug und Futter entweder zu früh oder zu spät herausholt und so die Verknüpfung nur sehr langsam oder gar nicht hergestellt wird.

Statt also dem Hund das Spielzeug vor die Nase zu halten sobald er Wild sieht, klicken Sie im selben Moment, holen dann Ihr Spielzeug hervor und drehen spielend mit Ihrem Hund vom Wild ab.

Als Erklärung für die guten Erfolge dieses Trainings gibt es mehrere Theorien. Am plausibelsten erscheint, dass es sich um eine präzise Art der Gegenkonditionierung handelt. Man klickt kein Verhalten, sondern man „schaltet" das positive Gefühl im Hund an. Weil er sich nach jedem Klick seine Belohnung holen durfte, verknüpft er diese positive Erfahrung mit dem Anblick des Wildes und will nun ebenfalls die Belohnung haben. Aus diesem Grund ist es wichtig, dass Ihr Hund dieses tolle Klickergefühl schon kennt.

Dies entspricht natürlich nicht der konventionelle Anwendung des Klickerns, bei der ein erwünschtes Verhalten in kleinen Schritten aufgebaut wird. Es wird die konditionierte Wirkung des Klicks ausgenutzt mit bisher sehr guten Erfolgen.

Falls Sie nicht genau wissen, ob das für Sie und Ihren Hund zutrifft, probieren Sie es einfach aus. Im schlimmsten Fall funktioniert es eben nicht.

Es kann sein, dass Ihr Hund nach dem Klick losstürzen will, weil er meint, Jagen wäre nun die Belohnung der Wahl. Das können Sie jedoch mit der Leine verhindern und versuchen gleichzeitig, ihn mit Ihrem Superspielzeug auf sich zu konzentrieren. Geben Sie nicht gleich auf, wenn es bei den ersten Malen schwieriger ist, sondern testen Sie es wenigstens zwei Wochen, bevor Sie etwas anderes probieren.

„Es gibt zwei Möglichkeiten, wenn man auf Schwierigkeiten stößt: Man verändert die Schwierigkeit oder man verändert sich selbst.“

(Phyllis Bottome)

V. Alternative Aufgaben

In der Verhaltenstherapie führt nicht nur die gute Umsetzung des Therapieplans zum Ziel, sondern es werden ganz allgemein die Lebensbedingungen des Lebewesens optimiert. Der beste Therapieplan wird keinen nennenswerten Erfolg bringen, wenn gewisse Grundbedürfnisse des Hundes nicht gedeckt sind oder er übersättigt ist. Alternative Beschäftigungsmöglichkeiten sind genauso wichtig wie das bereits beschriebene Training, denn ein geistig und körperlich ausgelasteter Hund kann leichter auf das Jagen verzichten und ist besser trainierbar.

Fido, ein zweijähriger Kleiner Münsterländer, wurde von seiner Besitzerin abgegeben, weil sie den Hund nach dem Tod ihres Mannes körperlich nicht „bändigen“ konnte. Zum Zeitpunkt der Abgabe hatte Fido mehrere Monate in einer kleinen Wohnung verbracht. Seine Geschäfte musste er größtenteils im kleinen Garten verrichten, den er nur an kurzer Leine betreten durfte. Die seltenen Spaziergänge endeten darin, dass Fido an der Leine randalierte und alles jagte, was sich schnell bewegte, Artgenossen, andere Haustiere, Autos und Menschen.
Die Aufgabe war es, Fido soweit zu trainieren, dass er in eine Pflegestelle gegeben werden konnte. Er wurde in eine Pension mit großem Auslauf gebracht und genoss es sichtlich, zum ersten Mal seit langer Zeit, wieder rennen zu dürfen. Anfangs versuchte er noch an der Leine, andere Hunde anzugreifen und sich schnell bewegende Objekte zu jagen. Nach nur wenigen Tagen konnte er mit anderen Hunden im Auslauf spielen.
Allein durch den gesteigerten Auslauf und die neuen Eindrücke wurde dieser Hund immer umgänglicher. Nach genau zwei Wochen konnte Fido in eine Pflegestelle umziehen, nach einer weiteren Woche durfte er auf den Spaziergängen sogar frei laufen. Die Pflegestelle hat ihn behalten. Nachdem Fido einen geregelten Tages- und Beschäftigungsablauf hatte, konnten auch alle übrigen Probleme systematisch abgebaut und größtenteils gemeistert werden.

Da sowohl körperliche als auch geistige Anstrengung und Befriedigung zu den Grundbedürfnissen gehören, ist es wichtig, dass Sie mit den Forderungen an Ihren Hund auf einen ausgewogenen Ausgleich zwischen beiden Beschäftigungsarten achten. Es reicht nicht, den Hund stundenlang am Fahrrad zu führen, da er dann lediglich körperlich erschöpft ist, sein Intellekt aber weitgehend unausgelastet bliebe.

Andererseits ist es ebenso unsinnig, wenn Sie mit Ihrem Hund ununterbrochen nur Klickerübungen oder Nasenspiele veranstalten, ihn aber ansonsten zum Gassi gehen nur in den Garten lassen und seine körperliche Energie nicht weiter abschöpfen.

Jedes Mensch-Hund-Team muss für sich die ihm gemäße Balance zwischen geistiger und körperlicher Beschäftigung finden. Dafür brauchen die Stunden des Tages nicht akribisch eingeteilt zu werden, etwa in drei Stunden Auslauf, eine Stunde Animation und eine Stunde Training. Auch gibt es Tage, an denen Sie weniger Zeit haben. Dann hat Ihr Hund einmal mehr Muße, an anderen Tagen dafür wieder mehr Aktion.

Im Folgenden geben wir Ihnen einige Hinweise für Beschäftigungsmöglichkeiten. Weitere Ideen und Anregungen finden Sie im Literaturverzeichnis.

Geistige Auslastung

Geistige Auslastung ist ein weit gefasster Begriff, der natürlich nicht völlig abgegrenzt gesehen werden kann. In die Kategorie passt im Prinzip alles, was Ihr Hund mit seiner Intelligenz erarbeiten muss. Das fängt an bei der Grundausbildung Ihres Hundes, also dem Erlernen des "Komm!" - Signals, Sitz, Platz, Bleib, Fuß und was Ihnen noch wichtig ist und geht weiter mit den Hundesportarten, wie zum Beispiel Agility, Obedience, Frisbee, Dogdancing, Treibball und Co. Meist handelt es sich hierbei um eine Mischung aus geistiger und körperlicher Auslastung.

Genauso zählen die Eindrücke, die auf Ihren Hund einwirken, zur geistigen Auslastung. Damit ist nicht nur die Welpenzeit gemeint, in der die Welpen Ihre Welt erkunden, sondern auch kleine Abenteuerausflüge mit Ihrem erwachsenen Hund, beispielsweise der Besuch im Zoo, ein Ausflug in eine Ruine, Bergwanderungen und vieles mehr.

All diese Dinge wirken sich nicht nur deshalb positiv aus, weil Ihr Hund ausgelastet ist, sondern weil Sie sich zugleich beide lernen, sich immer besser zu verstehen. Ihr Hund wird mit jedem weiteren Erfolg stärker mit Ihnen kooperieren und sein Interesse an Ihrer Person tritt in den Vordergrund. Es verdrängt so vielleicht sogar die Jagdlust auf Wildtiere.

Kommunikation heisst verstehen lernen und daraus resultiert Freude an der Zusammenarbeit.

Nasenarbeit

In einem Buch zum Thema Jagen liegt es nahe, über die Nasenarbeit zu sprechen. Die Nase bedeutet für den Hund viel mehr als für den Menschen. Hunde wurden u.a. zu Jagdhelfern, weil sie mittels ihrer Nase Wild ausfindig machen können, wo menschliche Augen versagen. Die meisten jagdlich interessierten Hunde nehmen Nasenspiele als alternative Beschäftigungsmöglichkeit sehr gerne an.

Die verschiedenen Aufgaben in der Nasenarbeit können in drei gängige Kategorien unterteilt werden: Die Spurensuche, die Freiverlorensuche und die Geruchsunterscheidung. Bei der Spurensuche, auch Mantrailing genannt, verfolgt der Hund eine Spur, die sowohl von Menschen oder Tier stammen, als auch künstlich gelegt sein kann mit Pansenschleppe, Würstchenwasser und Co.

Zur Freiverlorensuche gehören die Suche nach verlorenen Gegenständen, die Flächen- und Trümmersuche in der Rettungshundearbeit, teilweise das Dummytraining und anderes.

Bei der Geruchsunterscheidung geht es darum, dass der Hund einen bestimmten Geruch anzeigt. Das schließt die Arbeit von Zollhunden, Allergiehunden, aber auch entsprechende Übungen aus dem Obediencesport mit ein. Da es zu diesen Themen bereits gute Literatur gibt, beschränkt sich das Buch hier auf die Leckerchen- und Spielzeugsuche und auf die Arbeit mit dem Futterbeutel.

Die **Suche nach Leckerchen bzw. Spielzeug** ist im Kontext des Trainings sehr interessant. Wenn Ihr Hund Gefallen an den Suchspielen findet, dann haben Sie die Möglichkeit das Suchen auch als Belohnung einzusetzen.

So funktioniert es:

Gehen Sie auf eine Wiese. Nehmen Sie ein Leckerchen oder Spielzeug in die Hand. Zeigen Sie es Ihrem Hund.

Halten Sie ihn fest, während Sie das Leckerchen oder Spielzeug etwa zwei Meter wegwerfen.

Lassen Sie Ihren Hund mit dem auffordernden Wort „Such“ los und zeigen Sie mit der Hand als Sichtzeichen deutlich in die entsprechende Richtung.

Wenn Ihr Hund das Leckerchen oder Spielzeug hat, loben Sie ihn kurz und wiederholen diese Übung noch mindestens dreimal hintereinander.

Nun lassen Sie Ihren Hund wieder festhalten, binden Sie ihn an einen Baum oder lassen Sie ihn in der Bleib-Position warten.

Zeigen Sie ihm das Leckerchen oder Spielzeug, legen es danach einige Meter entfernt ab und gehen Sie im kleinen Bogen zu Ihrem Hund zurück.

Schicken Sie ihn mit „Such“ los und loben Sie ihn, sobald er die Beute gefunden hat.

Vermeiden Sie es, Ihrem Hund allzu sehr zu helfen, während er sucht. Er beginnt sonst, auf Ihre Hilfe zu hoffen, statt selbst zu suchen. Warten Sie einfach ab und beginnen Sie die Übung neu, falls es einmal zu schwer für ihn war.

Diese kleine Übung lässt sich beliebig vertiefen. Sie können z.B. das Leckerchen oder Spielzeug immer weiter weg auslegen, schwierigere Gebiete auswählen, es in hohem Gras, Laub oder Schnee verstecken, auf den Ast eines Baumes spießen, oder einen ausgehöhlten Baumstamm damit füllen.

Legen Sie mehrere Leckerchen oder Spielzeuge aus, täuschen Sie das Auslegen an, lassen Sie Ihren Hund nicht zuschauen, also hinter einem Baum warten. Sie können es auch auslegen bzw. wegwerfen, mit Ihrem Hund weitergehen und später suchen lassen. Damit fördern Sie sein Gedächtnis. Genauso gut können Sie Ihren Hund zum Holen zurück schicken.

Sie merken, die Varianten sind vielfältig.

Kurzanleitung:

1 *Halten Sie Ihren Hund fest.*
2 *Werfen Sie ein Spielzeug oder Leckerchen weg.*
3 *Wenn es gelandet ist, lassen Sie Ihren Hund mit „Such!" laufen*
4 *Dreimal wiederholen*
5 *Ab jetzt lassen Sie Ihren Hund warten.*
6 *Legen Sie das Leckerchen aus.*
7 *Schicken Sie Ihren Hund mit „Such!" los.*
8 *Bauen Sie die diversen Schwierigkeitsgrade ein.*

Zum einen können Sie diese Suchübung nutzen, um Ihren Hund auf den Spaziergängen zu beschäftigen. Denn Nasenarbeit ist geistig, aber auch körperlich anstrengend.

Zum anderen können Sie Ihren Hund mit einer kleinen Suche belohnen. Gerade beim "Komm!" - Signal freuen sich lauffreudige Hunde, wenn sie das Leckerchen nicht aus der Hand erhalten, sondern wenn sie dem Leckerchen hinterher springen bzw. es suchen können. Wenn Ihr Hund auf Signal zu Ihnen gerannt kommt, klicken Sie kurz bevor er da ist und werfen mit dem Signal „Such!" ein Leckerchen an den Wegesrand.

Eine andere schöne Möglichkeit gibt es, um auch den freiwilligen Blickkontakt Ihres Hundes wieder zu verstärken. Ihr Hund schaut in nicht allzu großer Entfernung zu Ihnen zurück, Sie werfen in dem Moment gestenreich ein Leckerchen und sagen „Such!".

Das Signal „Such!" ist in der Regel recht schnell generalisiert. Ihr Hund lernt in diversen Ablenkungsgraden schnell, auf das „Such!" ein Leckerchen oder sein Spielzeug zu suchen. Probieren Sie es einmal aus, wenn Ihr Hund ein Kaninchen erblickt hat und intensiv hinstarrt. Es kann sein, dass Ihr Hund auf das „Such!" die Nase automatisch zum Boden senkt und sucht. Das „Such!" kann in Situationen funktionieren, in denen andere Ihrer Signale versagen.

Genauso wie der Klick des Klickers ist dieses Signal ausschließlich mit etwas belegt, das dem Hund außerordentlich viel Freude bereitet.

Zur Arbeit mit dem **Futterbeutel** gehört nicht nur der Aspekt des Suchens, sondern auch der des Apportierens. Der Hund soll den mit Futter gefüllten Beutel suchen und zu Frauchen oder Herrchen bringen. Als Futterbeutel kann man Schlampermäppchen verwenden. Am besten eignen sich solche aus Nylon mit Reiß- oder Klettverschluss. Etwas teurere Versionen sind die so genannten Preydummies.

Der Futterbeutel wird anfangs mit besonders tollen Leckerchen gefüllt, zum Beispiel mit getrocknetem Fisch, Pansen, Lunge, gekochten Innereien vom Huhn, also mit dem, was Ihr Hund gerne mag. Wenn er einmal Spaß an der Arbeit mit dem Futterbeutel gefunden hat, können Sie den Beutel auch mit minderwertigeren Leckerchen füllen, denn das Suchen an sich ist gewöhnlich schon eine Belohnung.

Bei der Futterbeutelarbeit müssen Sie in zwei Trainingsschritten üben: Das Suchen des Beutels und das Bringen des Beutels.

Das Suchen des Beutels wird genauso aufgebaut wie die Suchübung nach Leckerchen oder Spielzeug.

Füllen Sie den Beutel vor den Augen Ihres Hundes. Lassen Sie ihn dran riechen. Öffnen Sie den Beutel noch einmal und lassen den Hund einen Happen daraus fressen.

Werfen Sie den Beutel weg. Wenn Ihr Hund ihn gefunden hat, gehen Sie flott und mit lobenden Worten zum Hund und öffnen ihm den Beutel.

Lassen Sie ihn nach dem Öffnen des Beutels daraus fressen. Das macht das Futterbeutelspiel noch interessanter. Sollte Ihr Hund jedoch zu der Sorte Hund gehören, die psychisch geknickt ist, wenn man ihm den Beutel mit dem Restfutter wieder wegnimmt, dann legen Sie ein paar Futterbröckchen auf den Beutel, während Sie ihn verstecken. Das Spiel muss dem Hund ungetrübte Freude bereiten.

Wiederholen Sie diese Übung einige Male.

Gerade Jagdhundrassen neigen schnell dazu, den Beutel aufzunehmen. Sollte dies der Fall sein, dann rufen Sie Ihren Hund mit dem „Komm!“ -Signal und entfernen Sie sich etwas von ihm.

Läuft er mit dem Beutel im Maul auf Sie zu, dann klicken Sie und öffnen ihm den Beutel als Belohnung.

Manche Hunde bringen den Beutel auch erst einmal in Sicherheit bzw. probieren an Ort und Stelle ohne Frauchens oder Herrchens Hilfe an die Leckerchen zu gelangen. Falls Sie den Eindruck haben, dass der Beutel solchen Aktionen nicht standhält, dann sichern Sie Ihren Hund durch eine Leine, durch die Sie ihn am Wegrennen hindern können. Üben Sie parallel zur Arbeit mit dem Futterbeutel das Hergeben von Sachen. Dazu bietet sich am besten das Tauschen an. Manche Hunde probieren nur kurz, selbst an das Futter zu gelangen und resignieren recht bald. Diese Hunde lernen sehr schnell, dass Sie nur durch Frauchens oder Herrchens Unterstützung an die begehrten Dinge gelangen. Für den Hund ein Grund mehr, schnell den Futterbeutel zu Frauchen oder Herrchen zu bringen!

Wenn Ihr Hund keinen Ansatz zeigt, den Futterbeutel ins Maul zu nehmen, dann üben Sie erst einmal nur das Auffinden des Beutels. Statt den Beutel zu werfen, können Sie auch schnell dazu übergehen, Ihren Hund abliegen zu lassen und den Beutel auszulegen. Wichtig ist, dass Ihr Hund in höchsten Tönen gelobt wird, sobald er den Beutel gefunden hat. Öffnen Sie ihm rasch den Beutel und lassen Sie ihn daraus fressen.

Das Apportieren können Sie über freies Formen mittels Klicker aufbauen. Üben Sie zu diesem Zweck mit dem leeren Beutel. Wenn Ihr Hund gelernt hat, den leeren Beutel zu Ihnen zu bringen und abzugeben, dann können Sie das Apportieren mit dem gefüllten Beutel üben.

Führen Sie unbedingt ein Signal, wie „Brings!“ für das Bringen ein.

Wenn Ihr Hund das Apportieren des Beutels gut beherrscht, dann beginnen Sie, es mit dem Suchen zu verknüpfen.

Ihr Hund hat bereits gelernt, den Beutel zu suchen. In dem Moment, in dem er ihn findet, geben Sie Ihr Zeichen für das Apportieren.

Wenn Ihr Hund den Beutel zu Ihnen gebracht hat, loben Sie ihn überschwänglich und öffnen ihm den Beutel. Sie können den Beutel noch etwas attraktiver machen, indem Sie selbst damit spielen. Zeigen Sie größtes Interesse dafür, ziehen Sie ihn über den Boden vom Hund weg, machen Sie belebende Geräusche und schleudern Sie ihn zum Schluss ein kleines Stück weg. Manche Hunde animiert das, den Futterbeutel in die Schnauze zu nehmen.

Wenn Ihr Hund gelernt hat, den Futterbeutel zuverlässig zu suchen und zu bringen, dann lassen Sie ihn auf Ihrem Spaziergang absichtlich fallen.

Gehen Sie die ersten Male nur wenige Schritte weiter.

Rufen Sie Ihren Hund, lassen ihn sitzen oder liegen und geben das Suchsignal. Dieser Schritt fällt manchem Hund schwer. Denn bis jetzt konnte er zuschauen, wenn der Beutel ausgelegt wurde. Das war für Ihren Hund ein kleines Ritual: Er bleibt liegen, Sie verstecken den Beutel, er wird zur Suche geschickt. Manche Hunde verstehen nicht sofort, dass sie ohne dieses Ritual suchen sollen.

Falls Ihr Hund Sie nur verwundert anschaut, dann gehen Sie mit ihm in die Richtung des ausliegenden Futterbeutels. Zur Not zeigen Sie ihm den Futterbeutel und lassen ihn zu sich bringen. Haben Sie etwas Geduld. Nach einigen Wiederholungen wird Ihr Hund verstanden haben, dass er auch ohne vorangehendes Ritual suchen soll.

Die Futterbeutelarbeit ist für Ihren Hund eine sinnvolle Beschäftigung. Sie fordert ihn geistig und körperlich, putscht ihn aber nicht so hoch, wie die Suche nach seinem Spielzeug. Natürlich kann der Futterbeutel auch als hoch im Kurs stehende Belohnung eingesetzt werden. Wie erwähnt, scheinen viele Hunde das Nase-Hineinstecken toll zu finden. Sie können also für besondere Leistungen nach dem Klick den Futterbeutel aus der Tasche ziehen und öffnen.

Auch beim Superschlachtruf kann der Einsatz des Futterbeutels Sinn machen. Schauen Sie sich in der Welt der Nasenarbeit um. Es gibt kaum eine schönere alternative Beschäftigung für Ihren Hund.

Kurzanleitung:

1 *Machen Sie den Beutel interessant.*

2 *Werfen Sie den Beutel weg und lassen Sie ihn suchen.*

3 *Wenn Ihr Hund ihn gefunden hat, freuen Sie sich und lassen ihn aus dem Beutel fressen.*

4 *Üben Sie parallel das Bringen des Beutels.*

5 *Verknüpfen Sie das Suchen mit dem Bringen des Beutels.*

6 *Bauen Sie verschiedene Schwierigkeitsgrade ein.*

Freies Formen

Zur geistigen Auslastung Ihres Hundes ist der Klicker und das damit verbundene freie Formen sehr zu empfehlen.

Klickertraining macht Ihren Hund kreativ.

Er lernt Probleme zu lösen. Lassen Sie Ihren Hund zum Experten werden. Ein Experte zeichnet sich dadurch aus, dass er viele Lösungsvarianten kennt. Er wählt die passende Lösungsstrategie für eine Situation aus.

Das führt dazu, dass Ihr Hund mit jedem weiteren Erfolg immer souveräner und selbstsicherer auf neue Situationen reagieren wird, da er sich die Lösung selbständig ohne Locken, Schieben, Drücken etc erarbeitet. Wer selbst schon einmal eine gestellte Aufgabe Schritt für Schritt selbständig erarbeitet und zu Ende gebracht hat, weiß wie gut das für das Selbstvertrauen ist.

Er wird weniger zu Frust neigen, denn er hat meistens noch eine Lösung B, C oder D parat. Und Sie wissen genau, was Ihr Hund wirklich kann, denn nur das kann er Ihnen auch zeigen.

Beim Klickertraining wird der Hund für kleinste Schritte in die richtige Richtung belohnt, damit er diese wiederholt. Ähnlich wie beim Topfschlagen bringt man ihn so dazu, ein erwünschtes Verhalten Schritt für Schritt selbständig zu erlernen.

Dies sind nur einige Vorteile des Klickertrainings. Eine genaue Erläuterung würde hier zu weit führen. Im Anhang des Buches finden Sie Literaturempfehlungen zum Thema.

Körperliche Auslastung

Der Spaß am Jagen hat vor allem mit der Freude an der Bewegung zu tun. Gerade zu der Zeit, in der Sie mit Ihrem Hund intensiv an der Schleppleine üben, wird der Freilauf oder das Rennen allgemein auf Ihren Spaziergängen zu kurz kommen. Für ein paar Tage ist das in Ordnung, aber auf Dauer benötigt Ihr Hund die Gelegenheit, sich körperlich auszupowern.

Ob Sie zu diesem Zweck auf eine eingezäunte Hundewiese fahren, um Ihren Hund spielen zu lassen, oder ob Sie selbst körperlich aktiv werden, hängt von Ihnen und Ihrem Hund ab.

Wenn Ihr Hund eher ein Einzelgänger ist, dann tun Sie ihm mit einer Radtour am Springer (einer Metallfeder, die am Fahrradrahmen befestigt wird), einem Jogginglauf oder einer Runde Schwimmen einen größeren Gefallen, als ihm Hundekontakte zu verschaffen. Für andere Hunde zählt das Spiel mit Artgenossen zu den größten Freuden.

Neben dem selteneren Ballspiel zu Belohnungszwecken ist das pausenlose Werfen des Balls keine gute Möglichkeit, dem Hund Bewegung zu verschaffen. Ständiges Fixieren und Hetzen des Balls führt zu Übererregtheit und hohem Stress beim Hund. Sie blenden ihre Umwelt oft völlig aus, nehmen keine entgegenkommenden Hunde wahr und laufen durchaus mal vor einen Ast oder im Haus vor eine Tür, um an den Ball zu gelangen. Wenn der Ball am Boden liegt, fixieren sie ihn mit gesenktem Kopf so lange, bis er bewegt wird. So genannte Balljunkies reagieren auf Beutereize sogar noch heftiger als vor dem ständigen Werfen und Holen des Balls.

Terry, eine kleine Mischlingshündin, kam ins Einzeltraining, weil sie schreiend vor Artgenossen weg rennt. Nachdem sie fast auf die Straße gerannt ist, wollten die Besitzer etwas gegen die Angst tun. Im Erstgespräch ergab sich, dass Terry auf den Spaziergängen ohne Pause der Tennisball geworfen wurde. Sie brachte ihn dann wieder, legte ihn ab und starrte ihn so lange an bis er geworfen oder geschossen wurde. Anscheinend hat Terry die entgegenkommenden Artgenossen so lang völlig ausgeblendet, bis sie an ihr schnupperten. Terry hat sich jedes Mal sehr erschrocken. Über Monate gesehen entwickelte sich das schreiende Wegrennen.
Terrys Besitzer bekamen absolutes Ball-Spiel-Verbot. An Anfang wurde Terry durch Bögen laufen und Gegenkonditionierung unterstützt. Doch nach zweimonatiger Ballabstinenz lief dieser Hund bereits bei unseren monatlichen Gruppenspaziergängen mit.

Viele Hunde sind beim Ballspielen sehr stark erregt und zeigen dies deutlich durch vermehrtes oder hysterisches Bellen, Hecheln, hektische Bewegungen, anhaltendes Fixieren des Balles usw. Auch das Verteidigen vom Ball, das extreme Anbetteln der Tasche, in der der Ball steckt, das Vergessen Kot und Urin abzusetzen, allgemein das Unterlassen des Schnüffelns und viele andere Verhaltensweisen, können einen „Balljunkie" kennzeichnen.

Für das Antijagdtraining birgt es noch einen anderen Nachteil: Balljunkies verfügen über ein hohes Erregungspotenzial. Ihr Adrenalinpegel steigt bei jedem Ballspiel an. Wenn es keine ausreichenden Pausen von mindestens zwei Tagen zwischen jedem Spiel gibt, kann der Pegel sich nicht abbauen. Das hat einen reaktiven Hund zur Folge, der sich eher dazu verleiten lässt, hinter Wild herzuhetzen und insgesamt weniger ansprechbar ist.
Sie erkennen den Unterschied gut, wenn Ihr Hund bei einem erhöhten Adrenalinpegel jedes fallende Blatt, jeden knackenden Ast, jeden auffliegenden Vogel etc. bemerkt, hingegen bei normalen Adrenalinpegel bei solchen Geräuschen maximal mit den Ohren zuckt.

Wenn Sie so einen Hund besitzen und diesen Zustand ändern möchten, dann packen Sie den Ball für mindestens einen Monat weg. Ihr Hund benötigt Gelegenheit, seinen Adrenalinhaushalt runter zu fahren. Ist dies geschehen, können Sie den Ball wieder zur Hand nehmen.

Ab jetzt steht der Ball allerdings nur noch für folgende Aktionen bereit:

? als Jackpot für den Superschlachtruf
? für die Impulskontrollübungen
? für die Generalisierung des Abrufs
? als ganz seltene Belohnung für ein erfolgreiches Abrufen
? falls Ihr Hund nicht zu sehr aufdreht: für Suchspiele

Dasselbe gilt auch für den Hundesport. Es gibt Hundesportarten, zum Beispiel Agility und Flyball, die eine ähnlich aufputschende Wirkung haben können. Das hat damit zu tun, dass viel über Spielmotivation gearbeitet wird. Es gibt aber durchaus Möglichkeiten, Agility etwas ruhiger und vor allem kontrollierter zu gestalten. Wenn Sie hauptsächlich über Futterbelohnung arbeiten und die Geräte einzeln ruhig angehen, dann ist Agility eine wunderbare Sportart, die Ihren Hund nicht nur körperlich, sondern auch geistig fordert.

Beim Agility wird viel mit Körpersprache gearbeitet. Das im Training Erlernte ist auch für den Alltag eine Bereicherung. Gute Agilitytrainer trainieren zuerst eine perfekte Signalausführung und danach die Schnelligkeit. Hier ist dann zwar Geschwindigkeit mit im Spiel, wird aber kontrolliert.

Das ist der wichtige Unterschied zu einigen Trainingsplätzen, auf denen nur Schnelligkeit zählt.

Körperliche Auslastung soll am besten immer in einem Zusammenhang mit geistiger Anforderung gebracht werden. In der Regel ist beides auch kaum voneinander zu trennen. Lasten Sie Ihren Hund aus, indem Sie Radtouren durch unbekannte Gebiete machen, wandern Sie mit Ihrem Hund durch die Berge oder bieten Sie ihm auf Ihren Spaziergängen immer wieder neue Anregungen und Übungen. Bringen Sie ihm Dinge bei, die anderen Menschen vielleicht völlig sinnlos erscheinen. Hunde sind intelligentere Wesen als manch einer glauben mag, und sie gieren danach zu lernen.

Kontrolliert jagen lassen

Bisher hat dieses Buch Ihnen etliche Möglichkeiten dargelegt, Ihren Hund vom Jagen abzuhalten. Zum Ende hin lesen Sie nun die Empfehlung, Ihren Hund kontrolliert jagen zu lassen. Das muss ein Druckfehler sein!

Nein, es ist weder ein Druckfehler noch ein Widerspruch. Gerade, wenn Ihr Hund einer Jagdhundrasse angehört, ist er für das Jagen gezüchtet worden. Sie können Ihrem Hund nicht genetisch verankerte Verhaltensweisen verbieten, ohne ihm eine Ersatzbefriedigung zu geben. Auch wenn Ihr Hund keiner Jagdhundrasse angehört, hat er jagdliche Interessen. Diese können Sie in erwünschte Bahnen lenken bzw. ihm seine Interessen ermöglichen unter der Prämisse der Kontrolle wie Abruf in fast allen Situationen.

Wie schon anfangs geschrieben, ist der Einsatz erwarteter Ressourcen sehr viel erfolgreicher, als der Einsatz konkurrierender Ressourcen als Bestärkung. Das Jagen ist das, was der Hund in dem Moment am liebsten tun möchte. Merkt er, dass er es unter bestimmten Bedingungen darf, wird er nicht stärker jagen, wie viele meinen, sondern er wird ansprechbarer werden, um sein Ziel zu erreichen.

Das Einzige, was besser ist als Jagen ist das Jagen mit seinen Menschen. Aus diesem Grund hat der umsichtige Einsatz dieser Ressource als Bestärkung eine sehr große Kraft. Letztendlich ist es auch das, was jagdlich eingesetzte Hunde lernen.

Vereinfacht dargestellt: Sie können Ihrem Hund entweder vermitteln „Kaninchen sind tabu, aber Vögel und Mäuse darfst du“ oder/und „Kaninchen sind ok, wenn Du Dich nach ein paar Metern abrufen lässt“.

Ihr Hund kann sich also nach Bedarf bei den „erlaubten“ Jagdobjekten austoben und lässt sich von den „unerlaubten“ Jagdobjekten abrufen. Je mehr erlaubte Jagdobjekte Ihr Hund hat, umso leichter gestaltet sich das Abrufen. Je weniger Aufhebens Sie um die Jagdobjekte machen, umso bedeutungsloser werden die Jagdobjekte für Ihren Hund. Zusammengefasst gesagt: Je mehr kontrollierte Jagdmöglichkeiten sich Ihrem Hund eröffnen, umso effektiver wird Ihr Training.

Dieses Vorgehen gilt jedoch lange nicht für alle Hunde. Hunde, die bisher noch kein Tier gehetzt haben, sollten nun auf keinen Fall auf den Geschmack gebracht werden, indem man sie dazu auffordert. Tiere, die bisher auf Sicht hetzen, dürfen nicht zur Belohnung Spuren ausarbeiten usw. Die kontrollierte Jagd als Verstärker einzusetzen ist nur da möglich, wo

- der Hund schon sehr ausgeprägtes Jagdverhalten zeigt
- alles andere so weit als möglich ausgeschöpft wurde
- es sehr bewusst, kontrolliert und geplant ohne Schaden für Mensch und Tier eingesetzt wird.

Wer dies außerhalb dieser Regeln anwendet, handelt stark fahrlässig, unverantwortlich und intolerant!

Dieses Buch will Ihnen hiermit auf gar keinen Fall einen Freibrief dafür erteilen, Ihren Hund Tiere fangen oder töten zu lassen. Wir bitten den Leser aus diesem Grund auch eindringlich das Dargelegte nicht zu missverstehen und lieber nachzufragen, bevor Unmut entsteht.

Kaninchen, Enten und Rehe haben dasselbe Recht zu leben wie Ihr Hund. Wenn also vom kontrollierten jagen lassen die Rede ist, dann ist damit gemeint, die Jagd so zu gestalten, dass für kein Tier ein Risiko besteht.

Im Winter ist aufscheuchen lassen von Tieren absolut tabu, weil gerade dann jede Art von Energieaufwendung das jeweilige Tier zu Tode erschöpfen könnte. Mäuse „erbuddelt" man in Pansenlöchern und Rehe verfolgt man höchstens über ihre Spuren und an der Leine auf den Wegen.

Erkundigen Sie sich außerdem über die Schonzeiten und speziellen Gegebenheiten in Ihrem Waldgebiet. Setz- und Brutzeiten im Sinne des § 22 Absatz 4 Satz 1 des Bundesjagdgesetzes gelten für Haarwild vom 1. März bis 30. Juni und für Federwild vom 1. April bis 30. Juni

Soviel Respekt sollte jeder Mensch mit oder ohne Hund haben, dass er zu diesen Zeiten den Wald meidet oder aber den Hund nur an der kurzen Leine auf dem Waldweg führt.

Nach Mäusen buddeln

Nach Mäusen zu buddeln, gehört zu den beliebtesten kontrollierten Jagden. Die zwei größten Sorgen von Besitzern jagender Hunde treffen hier nicht zu:

- Kein Hund wird für das Buddeln abgeschossen.
- Der Hund bleibt an einem Punkt, statt möglicherweise durch die Überquerung einer Straße, von Bahnschienen etc. sich oder andere in Gefahr zu bringen.

Suchen Sie eine Wiese, einen Wegrand, Brachland oder ähnliches, wo das Buddeln nicht stört, und nehmen Sie sich etwas Zeit. Wenn Ihr Hund von sich aus das Buddeln nicht so interessant findet, dann können Sie es fördern. Suchen Sie ein Mauseloch. Lassen Sie Ihren Hund davor sitzen. Zeigen Sie ihm ein länglich geformtes Leckerchen. Stecken Sie es in das Mauseloch, so dass es nicht in den Tiefen des Mauselochs verschwinden kann, aber auch nicht herausragt.

Geben Sie Ihrem Hund das Signal zum Leckerchen suchen. Feuern Sie ihn an, wenn er seine Pfoten einsetzt, um an das Leckerchen zu gelangen.

Alternativ zum Buddeln in echten Mauselöchern können Sie Ihren Hund auch nach einer Dose mit Leckerchen oder nach seinem Spielzeug buddeln lassen. Am besten eignet sich Sand als Untergrund z.B. der Strand in Ihrer Nähe oder der (ehemalige) Sandkasten Ihrer Kinder. Aber natürlich funktioniert das auch im Heu- oder Strohhaufen.

Bitte schütten Sie die Buddellöcher anschließend wieder zu, damit sich weder nachfolgende Spaziergänger noch Pferde und ihre Reiter verletzen.

Wildfährte an der Leine verfolgen

Wenn Ihr Hund ein begeisterter Wildfährtenleser ist, dann kann man dies kontrolliert nutzen, um das Antijagdtraining voranzubringen. Allerdings mit einem Abstrich: er muss Sie mitnehmen. Das bedeutet, wenn Ihr Hund eine Wildfährte erschnüffelt, können Sie ihn angeleint dieser Fährte folgen lassen. Sie können ihm das Suchen von Fährten sogar auf Signal beibringen. Je öfter und intensiver Sie mit Ihrem Hund so „jagen" gehen, desto besser wird er sich auch abrufen lassen, wenn er ohne Sie eine Spur aufgenommen hat. Vielleicht beginnt er sogar von allein, Sie zum gemeinsamen Jagen aufzufordern. Behalten Sie während des Folgens Ihr eigenes Tempo bei. Ihr Hund wird sich mit der Zeit daran gewöhnen, dass er die Fährte nur mit Ihnen und in Ihrem Tempo verfolgen kann.

Es versteht sich von selbst, dass Sie nicht kilometerlang abseits der Wege durch den Wald wandern sollen und somit das Wild unnötig beunruhigen. Sprechen Sie bitte mit dem zuständigen Jagdpächter, da je nach Bundesland das Verfolgen einer Spur mit dem Hund an der Leine als Wilderei ausgelegt werden könnte.

Sie können diese Form der Beschäftigung auch als Belohnung einsetzen. Ihr Hund hat ein Kaninchen gesehen, lässt sich abrufen bzw. bleibt stehen: Sie klicken und als Belohnung verfolgen Sie mit Ihrem angeleinten Hund die Spur. Der belohnende Effekt wird gesteigert, wenn Sie mit ihm ein Stück rennen und das Ganze in einem Zerr- oder Ballspiel gipfelt.

Wie Sie im ersten Kapitel erfahren haben, lernt der Hund am besten, wenn er für erwünschtes Verhalten die erwartete Ressource bekommt.

Ziel des Einsatzes dieser Ressource ist die bessere Kontrollierbarkeit!

Machen wir uns nichts vor. Jagdhunde hundertprozentig kontrollierbar zu machen, ist nicht immer möglich. Ein Hund, der die Jagd vorher ankündigt, dadurch abrufbar ist und dann an der Leine einer Spur folgt, jagt nicht unkontrolliert.

Genauso wichtig ist jedoch, darauf zu achten, dass Hunde, die bisher nicht stöbern und Spuren mit der Nase ausarbeiten, gar nicht darin geübt werden. Wenn Ihr Hund ein Sichtjäger ist und sich für Spuren nur wenig oder gar nicht interessiert, sind Wildspurenspiele tabu für ihn. Die Gefahr, dass er auf den Geschmack kommen könnte, ist zu groß.

Tabu ist auch, das kontrollierte Jagen einzusetzen ohne parallel dazu wirklich mit dem Hund an dem Problem zu arbeiten. Denken Sie immer an Ihr Ziel! Sie wollen einen kontrollierbaren Hund, also bleiben Sie nicht mitten im Training stehen!

Coursing

Das Coursing stammt ursprünglich aus dem Windhundrennsport. Beim Coursing wird ein falscher Hase über zahlreiche Umlenkrollen an einem Seil vor dem Hund hergezogen. Dadurch schlägt der falsche Hase ähnlich einem echten Hasen Haken. Diese Veranstaltung gibt es nicht nur für Windhunde, sondern auch für andere Hunderassen (z.B. auf manchen Hundeplätzen für Terrier). Diese Hundesportart befriedigt das Laufen Ihres Hundes. Sie ist besonders für Sichtjäger geeignet und vor allem für Hunde mit Erfahrungen im Hetzen.

Der Vorteil am Coursing ist, dass Ihr Hund legal hetzen darf und der Hase kein lebendiger Hase ist. So eine Veranstaltung könnte ein wöchentliches oder monatliches Highlight für Ihren Hund darstellen. Erkundigen Sie sich auf den Hundeplätzen in Ihrer Nähe oder im Internet, ob und wann dieser Sport angeboten wird.

Wenn Ihr Hund noch keine Erfahrungen mit dem Hetzen von Tieren hatte, dann sehen Sie besser vom Coursing ab. Ihr Hund könnte sonst auf den Geschmack kommen. Allerdings können die meisten Hunde ganz genau unterscheiden, ob sie sich in dieser künstlich hergestellten Hatz befinden oder in einer echten Hatz in der freien Natur.

„Fernsehen“ für jagdfreudige Hunde

Vorab: Sehen Sie diesen Absatz bitte nicht als Aufruf, einfach mal Ihren jagenden Hund und Ihre Kleintiere ungestört zusammen zu lassen.

Manche jagende Hunde lieben es, Kleintieren bei ihrem Tun zuzuschauen. Man könnte meinen, dass das Aquarium, der Kaninchenauslauf oder das Chinchillagehege dieselbe Wirkung haben wie der Fernseher auf die meisten Menschen. Kleintiere, die im Haus leben, haben sich in der Regel an den Anblick des Hundes gewöhnt. Insofern können Sie Ihren Hund bei Belieben stundenlang vor dem Käfig oder dem Terrarium hocken lassen. Sollte Ihr Hund dazu neigen, zum Beispiel an der Frontscheibe zu kratzen, dann können Sie diese mit doppeltem Klebeband bekleben. Die meisten Hunde empfinden die Erfahrung. an der Scheibe festzukleben, als unangenehm und lassen das Kratzen sein.

Gerade Vorstehhunde haben beim „Fernsehen“ die Chance, stundenlang das zu tun, wofür sie ursprünglich gezüchtet wurden: Tiere anzeigen. Einen ausgeprägten Fall des „Fernsehens“ zeigt das Beispiel des Englischen Setters Noah:

Sein Frauchen hat Noah von Welpenbeinen an mit in das Zimmer genommen, in welchem ihre Chinchillas frei laufen dürfen. Noah war zuerst angeleint und wurde immer auf einem bestimmten Teppich, von dem aus er alles im Blick hat, festgehalten. Um die Chinchillas nicht zu erschrecken, bewegten sich alle in ihrer Gegenwart sehr langsam und behutsam. Das färbte offensichtlich auf Noah ab. Er gewöhnte sich sehr schnell daran, auf dem Teppich liegen zu bleiben und die Chinchillas zu beobachten. Wenn Frauchen das Wort „Chinchis“ sagt, flitzt Noah in das entsprechende Zimmer und legt sich sofort auf seinen Teppich, dann wird die Käfigtür geöffnet, die Chinchillas haben Freilauf. Noah beobachtet sie nur mit den Augen, während Frauchen im selben Raum ein Buch liest. Nach etwa 30 Minuten werden die Chinchillas gefüttert und „das Fernsehen“ ist beendet.

Wenn Sie gerade einen Welpen haben und Kleintiere in Ihrem Haushalt leben, dann können Sie Rituale ähnlich denen, die Noahs Beispiel gezeigt hat, aufbauen.

Ist Ihr Hund bereits erwachsen und nicht an die im Haushalt lebenden Tiere gewöhnt, dann sollten Sie solche Versuche abbrechen, wenn Sie merken, dass Ihr Hund stark durch Bellen und Hinziehen reagiert. Wenn er relativ entspannt beim Anblick der Kleintiere ist, dann können Sie unter entsprechenden Absicherungen auch probieren, ein „Fernseh-Ritual" in Ihren Alltag zu integrieren. Das Aneinander -gewöhnen von Kleintieren und Hunden wird ausführlicher im Kapitel „Prävention" besprochen.

Vergessen Sie nicht, dass ein Hund, der die Katze im Haus akzeptiert, draußen trotz alledem Katzen nachrennen kann. Es geht dem Hund in der Regel nicht um die Katze. Der Reiz der fliehenden Bewegung löst die Hetzreaktion aus!

Mit Förster und Jagdpächter in Kontakt treten

Es ist sehr hilfreich, den Förster und den Jagdpächter seiner am meisten genutzten Spaziergehgebiete kennen zu lernen. Beide Seiten haben ihre ganz eigenen Erfahrungen mit jagdfreudigen Hunden gemacht. Förster und Jagdpächter sind besorgt um das Wohl der ihnen anvertrauten Natur, Sie als Hundebesitzer sind auf das Wohl Ihres Hundes bedacht. Das kann durchaus zu Interessenkonflikten führen.

Suchen Sie das Gespräch mit dem Förster und Jagdpächter und stellen Sie sich und Ihren Hund vor. Erwähnen Sie, dass Sie gerade intensiv daran arbeiten, Ihren Hund vom Jagen abzuhalten. Wenn Ihr Förster und Jagdpächter Sie persönlich kennt und weiß, dass Sie Ihren Hund nicht gedankenlos streunen lassen, dann kann er Ihren Hund einordnen. Es kann immer eine Situation kommen, in der Ihr Hund seiner Jagdlust nachgibt.

Mit plötzlich aufspringenden Hasen oder Rehen muss jeder rechnen. Es kann auch vorkommen, dass mal der Nachbar, die Schwiegermutter oder ein Freund und Bekannter mit Ihrem Hund spazieren geht. Auch Ihr gut trainierter Hund könnte darin die Chance erkennen, um auszureißen und allein auf die Jagd zu gehen. Vergessen Sie nicht, dass Hunde situations- und ortsbezogen lernen. Was für Sie und Ihren Hund gilt, muss noch lange nicht für jemand anderen und Ihren Hund gelten.

Es gibt Hunde, denen alle alternativen Beschäftigungsmöglichkeiten nicht reichen. In solchen Fällen könnten Sie darüber nachdenken, Ihren Hund jagdlich auszubilden. Die Jagd ist nicht unbedingt Aufgabe der Förster, die jedoch dazu vom Land oft vorrangig den Auftrag bekommen. Um an einer Jagd teilzunehmen bzw. sie sogar selbst zu leiten, sind gewisse Voraussetzungen zu erfüllen. Für die Schweißarbeit, also das Verfolgen einer Blutfährte, muss der Hundehalter einen Jagdschein erworben haben und eine Waffe besitzen, um das verletzte Tier tierschutzgerecht zu erlegen.

Kenntnisse von Jagdrecht und Wildbiologie sind ebenfalls erforderlich. Um an Treibjagden teilzunehmen, ist im Mindesten das Ablegen der Jagdeignungsprüfung (JEP) für Hunde ohne Zuchtpapiere nötig. Weiterführende Zucht- und Gebrauchsprüfungen, wie die Verbandsjugendprüfung (VJP) für Hunde mit entsprechenden Papieren, die Herbstzuchtprüfung (HZP) und die Verbandsgebrauchsprüfung (VGP) weisen ebenfalls jagdliche Eignung nach.

Um die Arbeit mit dem Hund werden Sie so oder so nicht herum kommen. Denn gerade Hunde, die dicht am Wild arbeiten müssen bzw. dürfen, müssen letztendlich kontrollierbar sein. Nur der Mensch darf das Wild erlegen und nicht der Hund, der jedoch sicher vorstehen, auffinden und apportieren können muss. Denken Sie daran, dass gerade dann der Hund wildsicher sein muss. Es ist ein Trugschluss zu denken, dass ihr Hund nicht mehr jagen geht, nur weil er es ab und an mit Ihrer Erlaubnis darf. Der einzige Vorteil ist, dass Sie sich intensiv mit dem Thema auseinander setzen und dem Hund die Art von Belohnung für erwünschtes Verhalten bieten können, die ihm in einem Gerüst von Regeln vorschwebt.

Sollten Sie vorhaben, Ihren Hund jagdlich ausbilden zu lassen, sehen Sie sich den Ausbilder genau an. Wer einen Jagdschein hat, muss noch lange keine Ahnung von Hundeausbildung haben, erst recht nicht von gewaltfreiem Training. Auch 20-jährige Erfahrung und mehr sind kein Garant für einen guten Hundeausbilder. Gerade in der Jagdhundausbildung wird vielerorts noch auf Traditionen gepocht. Unter diesem Schutzmantel werde teilweise noch sehr brutale Methoden gebraucht, angefangen von Hieben mit der Peitsche bis hin zu angespitzten Stachelhalsbändern. Nicht selten folgen solche Tierquäler dem falschen Ziel, den Willen des Hundes zu brechen, um hundertprozentigen Gehorsam zu erlangen, obwohl das ohnehin nicht möglich ist. Aber auch hier gibt es mittlerweile etliche Ausnahmen, die ihre erfolgreichen Jagdhunde mit dem Klicker oder anderweitig gewaltlos ausgebildet haben.

Schalten Sie bitte niemals Ihren Verstand aus, nur weil Herr XY oder Frau YZ bekannt durch Funk und Fernsehen sind. Wenn Ihnen etwas unlogisch vorkommt, hinterfragen Sie es!

„Tue nicht mehr von dem, was nicht funktioniert. Sondern tue dann etwas anderes."

„Es gibt Licht am Ende des Tunnels. Hoffen wir, dass das nicht der entgegenkommende Zug ist!"

(Autoren unbekannt)

VI AJT mit zwei Hunden

Während der vielen Seminare und Buchbesprechungen, die seit dem Erscheinen der ersten Auflage stattgefunden haben, war die Frage nach dem Training mit zwei Hunden wohl die häufigste.

Mit zwei Hunden zu leben, die unkontrollierbar jagen, ist schon ein großes Problem und führt sicherlich zu einer starken Einschränkung der Lebensqualität, sowohl des Menschen als auch des Hundes.

Zwei und mehr Hunde können eine Eigendynamik entwickeln, die kaum zu stoppen ist und die Kontrolle durch den Besitzer stark vermindert. Der einzelne Hund ist im Zweifelsfall nicht so stark vom Besitzer abhängig, wenn er einen anderen hündischen Partner dabei hat.

Wollen Sie sich einen Zweit- oder Dritthund anschaffen, dann sollte der erste bereits gut kontrollierbar sein, also ohne Leine laufen können und in den meisten Situationen abrufbar sein. Selbst wenn der neue Hund bisher nie gejagt hat, kann er das von ihrem vorhandenen Vierbeiner schneller lernen, als Ihnen lieb ist. Deswegen können Sie sich leider auch nicht auf den eventuell guten Trainingsstand des Neuankömmlings verlassen.

Wie Sie gelesen haben, ist schon das Training mit einem Hund sehr komplex und umfangreich. Noch schwieriger und mühevoller wird es mit zwei Hunden.

Aber es ist nicht völlig unmöglich, und es gibt Möglichkeiten, an denen ein erfolgreiches Training ansetzen kann.

Das Training mit zwei Hunden gliedert sich in zwei Problembereiche:

- Das gleichzeitige Arbeiten mit zwei Hunden
- Das Problem der Orientierung und damit des Lernens vom jagenden Vorbild

Gleichzeitiges Arbeiten

Wer mit mehr als einem Hund gleichzeitig arbeitet, ist gut damit beraten, ein zweites Brückensignal zu nutzen. Damit der Klick seine Wirkung behält, muss auch immer eine Belohnung folgen. Trainiert man mit zwei oder mehr Hunden, müsste man ab und an für beide Hunde klicken und manchmal wird nur der eine belohnt. Das weicht das Geräusch in seiner Bedeutsamkeit auf und schadet dem Training.

Mittlerweile gibt es auch andere Geräusche käuflich zu erwerben, wie beispielsweise den \`ClickerPlus\`, der ein Piep- und ein Klickgeräusch hat. Oder man nimmt eine Fingerklingel, einen Zungenklick oder andere Geräusche, die der Hund ansonsten nie zu hören bekommt.

Natürlich wäre der Trainingserfolg am größten, wenn man mit jedem Hund einzeln spazieren gehen würde, um das AJT zu absolvieren. Das ist in der Realität kaum möglich. Die Alternative ist, dennoch mit jedem Hund einzeln zu arbeiten und dem zweiten Hund in dieser Zeit „frei" zu geben. Dieses „Frei" Signal kann z.B. sein, dass der Hund an der Flexileine geht oder an der normalen Leine. Vielleicht auch mit der Schleppleine an einem anders geschnittenen Geschirr. Hunde lernen situationsabhängig. Sie können unterscheiden, dass sie am Norwegergeschirr oder der Flexileine wenig beachtet werden, ziehen dürfen u.ä., am anderen Geschirr mit Schleppleine aber Training angesagt ist.

Setzen Sie außerdem für jeden Hund deutliche und konsequent angewandte „Arbeitsstartsignale" und beenden das Training auch deutlich.
Sie haben dann zwar das Problem, dass der Hund Training und Nichttraining deutlich unterscheidet und Sie das später wieder auflösen müssen, aber es ist die einzige Alternative.

Es besteht die Gefahr, dass beide Hunde sich gegenseitig aufputschen können und gemeinsam jagen gehen. Da reicht oft schon ein überraschtes

Zucken des einen Hunden, das der andere als Jagdstart interpretiert und losstürzt, woraufhin der erste natürlich auch loslegt.

Erst wenn beide Hunde die Grundlagen des AJT beherrschen, also den Radius einhalten und soweit als möglich kontrollierbar sind, können Sie beginnen, mit beiden gleichzeitig zu arbeiten. Arbeiten Sie auch hier anfangs nur wenige Minuten konzentriert und erhöhen Sie die Zeit langsam.

Für ein erfolgreiches Training mit zwei Hunden ist es unabdingbar, dass jeder Hund für sich mit dem menschlichen Partner die Grundlagen lernt. Es muss jeder Hund lernen, sich am Besitzer zu orientieren und möglichst nicht am zweiten Hund.

Sehr oft wächst ein zweiter Hund einfach in die Familie mit hinein und lernt vom Ersthund. Das sollte vermieden werden, indem die Erziehung des Zweithundes möglichst genauso viel Beachtung findet, wie beim ersten Hund. Sie müssen nicht zwangsläufig einzeln gehen - auch wenn es das Trainings sicherlich erleichtern würde -, aber es sollte Übungseinheiten geben, die jeweils nur dem einen oder dem anderen Hund gelten. Konsequent eingesetzte Signale, wie oben beschrieben, erleichtern dies.

Häufig ist es so, dass ein Hund trainiert wird und der andere ebenfalls gelobt oder belohnt wird, weil er das Verhalten ebenfalls ausgeführt hat. Das führt dazu, dass sich immer beide Hunde angesprochen fühlen oder beide eben nicht, was Ihre Signalkontrolle verschlechtert.

Sie können das verhindern, wenn Sie entweder für jeden Hund verschiedene Signalwörter haben, die Sie dann aber nicht durcheinander bringen dürfen! Oder Sie setzen konsequent vor jedes Signal ein individuelles Signal, wie den Namen des Hundes zur Unterscheidung und beachten auch nur diesen!

Drehen Sie sich vom anderen Hund weg und deutlich zum genannten hin. Das mag zwar anfangs schwierig sein, aber je konsequenter Sie sind, desto schneller wird der Hund die Signale unterscheiden und lernen, wann es sich für ihn lohnt.

Üben Sie wie folgt, am Beispiel des „Komm!“ - Signals:

Beide Hunde laufen unter geringer Ablenkung frei oder an langen Leinen, die eventuell festgebunden sind, dem Hund aber genügend Freiraum bieten.

Rufen Sie Hund Nr.1 mit Namen und „Komm!“ - Signal, also z. B. „Hugo, Komm!“.

Belohnen Sie Hugo bei Ausführung und ignorieren Sie den zweiten Hund sehr deutlich durch Rücken zu wenden etc.
Wiederholen Sie das in einer Trainingseinheit so oft, bis der zweite Hund nicht mehr reagiert.

Nun wiederholen Sie die Übung umgekehrt mit dem zweiten Hund und ignorieren den ersten.
Belohnen Sie schon die ersten Ansätze des zweiten Hundes zu kommen. Er wird anfangs unsicher sein, weshalb Sie die Anforderung ruhig sehr niedrig schrauben können. Rufen Sie also, wenn er in der Nähe und wenig abgelenkt ist und belohnen Sie schon das Kopfwenden.
Wiederholen Sie das mehrere Male.

Rufen Sie bei jedem Training so oft den einen Hund und belohnen ihn, bis der zweite nicht mehr reagiert. Dann rufen Sie den zweiten Hund wieder. Verringern Sie die Anzahl der Rufe bis Sie abwechselnd den einen und den anderen rufen können und Sie deutlich sehen, dass die Hunde das Kriterium Namen gelernt haben. Dies weiten Sie nun möglichst auf alle Signale aus, wie „Sitz!“, „Platz!“ etc.

Der Superschlachtruf (Seite 114) bildet eine Ausnahme. Da jeder Hund unterschiedliche Vorlieben hat, werden diese jeweils mit einem eigenen Schlachtruf angekündigt. Machen Sie sich auch hier zu jedem Hund einzeln Gedanken, was er mag und scheren Sie nicht beide Hunde über einen Kamm.

Orientierung am Menschen

Alle Übungen aus dem Kapitel Orientierung (Seite 80) müssen intensiv mit **jedem** Hund trainiert werden, um das Rückfragen des Hundes in unsicheren Situationen zu erhöhen. Jeder Blick zurück ist eine Möglichkeit, einzugreifen und die Stimmung des Hundes zu ändern. Und jeder Blick zurück signalisiert die Wichtigkeit des Halters.

Hunde, die mit anderen Hunden zusammenleben, teilen sich gern die Aufgaben. So kann einer z.B. für das Begrüßen der Gäste zuständig sein und der Zweite für das Suchen der Bezugsmenschen. Damit diese Aufgabe nicht geteilt wird, üben Sie das mit jedem Hund bis Sie sicher sein können, dass es jedem Ihrer Hunde wichtig ist, in Ihrer Nähe zu sein.

Funktioniert die Signalunterscheidung beider Hunde gut und ist die Orientierung beider Hunde vorrangig auf den Menschen gerichtet, können Sie nun auch gezielt den Fall der Fälle trainieren, dass ein Hund losstürmt.

Dazu gehört zum einen natürlich die Impulskontrolle. Stürmt ein Hund los, steigt der Erregungspegel des Anderen sprunghaft an, und er wird sich automatisch mitreißen lassen. Die Impulskontrollübungen sollen dem vorbeugen und den Hund lehren, seine Aufregung im Zaum zu halten oder/und sich anderweitig abzureagieren.

Da es sich um klar abgrenzbare Situationen handelt, können diese gezielt trainiert werden. Zwar kann man die Situationen schlecht stellen, aber einige Vorarbeiten helfen, die Ansprechbarkeit etwas zu erhöhen, um das Training im Alltag in plötzlich auftretenden Situationen zu verbessern.

Übungsbeispiel:

Ein Hund läuft frei oder an der SL vor Ihnen, der zweite Hund ist an der (anfangs kurzen) Leine. Eine dem Hund bekannte Hilfsperson steht 20m entfernt vom Team und ruft den freilaufenden Hund beim Namen.

In dem Moment, in dem dieser Hund losrennt, achten Sie auf den zweiten Hund. Sobald er den ersten laufen sieht, geben Sie das "Komm!" - Signal mit dem individuellen Signal (seinem Namen) davor. Halten Sie die Leine fest, falls er nicht reagiert und rufen Sie nach kurzer Zeit erneut. Belohnen Sie das Befolgen kräftig und üben Sie weiter wie bei der Generalisierung des "Komm!" - Signals (Seite 136) indem Sie die Anforderungen langsam steigern.

Diese Übung können Sie ebenfalls so aufbauen, wie ab Seite 101 die Impulskontrolle beschrieben. Ihr Hund soll lernen, stehen zu bleiben, wenn der zweite Hund losrennt. Klicken Sie das Halten der Spannung, das Vorstehen des Hundes an.

Natürlich spielt bei dieser Übung auch eine Rolle, dass ein Hund gerufen wurde und der zweite Hund schon deshalb in diese Richtung laufen möchte. Anders ist leider eine gestellte Situation kaum möglich (es sei denn, man hat Glück und der zweite Hund hört das Rufen oder sieht das Winken nicht).

Deshalb ist es so wichtig, dies im Alltag zu üben und auf alltägliche Situationen vorbereitet zu sein. Achten Sie also bei Ihren Spaziergängen darauf, wenn einer der Hunde das impulsive Verhalten des anderen übernimmt. Sei es, dass der erste seine Tobesekunden bekommt und Sie den Zweiten zuerst zurückrufen, bevor er mittoben kann, oder dass er zu einer Schnüffel-, Pinkel-, oder sonstigen Stelle hinläuft und den anderen möglichst nicht mitnimmt.

Natürlich jonglieren Sie hier ein wenig damit, dass der eine Hund auf plötzliche Reize wieder reagieren darf, damit Sie mit dem anderen üben können. Wenn Sie jedoch abwechselnd an allen Fronten mit jedem Hund üben, verbessert sich die Ansprechbarkeit in jedem Fall.

Zusammenfassung:

- *Überlegen Sie sich gut, ob Sie sich zu Ihrem jagdfreudigen Hund tatsächlich einen zweiten Hund anschaffen wollen. Hunde lernen schnell, gut und gern voneinander, egal um welche Rasse es sich handelt.*
- *Bauen Sie zu jedem Hund separat das Orientierungsverhalten auf. Jeder Hund sollte sich weitestgehend an Sie halten und nicht an den anderen Hund.*
- *Arbeiten Sie mit klar abgegrenzten Signalen für jeden Hund (bspw. Namen vor jedem Signal) und achten Sie auf die Signalkontrolle.*
- *Arbeiten Sie mit einem „Frei!"-Signal, so dass Sie jeweils mit einem Hund arbeiten können und der zweite in dieser Zeit gesichert bleibt*
- *Trainieren Sie Impulskontrolle und bauen Sie diese aus auf Situationen, in denen der eine Hund den anderen mitreißen könnte.*
- *Nutzen Sie individuelle Klicker für jeden Hund.*

„Für mich ist Erziehung nicht Vorbereitung auf das Leben, Erziehung ist das Leben selbst. Man bereitet nicht vor, man lebt gemeinsam."

(Dr. Jan Uwe Rogge)

VII Prävention

Kaum jemand wird dieses Buch kaufen, um Tipps für seinen Welpen zu finden. In der Regel befasst man sich mit einem Problem erst, wenn es vorhanden ist. Wenn Sie jedoch nach Ihrem jetzigen Hund - möge er noch lange leben! - wieder mit einem Hund zusammenleben wollen, gibt es sicher das eine oder andere, das Sie mit diesem anders beginnen würden.

Wenn Sie bisher Jagdprobleme hatten, werden Sie beim nächsten Welpen sicherlich früher über dieses Thema nachdenken. Da man trotz gegenteiliger Rassebeschreibungen nie sicher sein kann, dass der Neufundländer nicht doch jagen geht, ist es immer besser vorzubeugen.

Vorbeugen ist besser als Heilen. Das gilt natürlich auch für potentiell jagende Hunde. Wenn Sie sich einen Welpen anschaffen, sollten Sie sich also genau überlegen, wie Sie diesem Problem beim nächsten Mal begegnen werden.

Rasseauswahl

Die Prävention fängt schon mit der Auswahl der Rasse, bei Mischlingen der Rasseanteile, an. Allein durch die Rasseauswahl können Sie das Problem jedoch leider nicht aus der Welt schaffen. Es gibt auch jagende Tibet Terrier und nicht jagende Dackel.

Sie können jedoch eine gewisse Vorauswahl treffen, wenn Sie sich die Ahnen Ihres Welpen anschauen. Gehört Ihr Welpe zu einer Zucht nach Aussehen, oder entspringt er einer so genannten Arbeitslinie? Letztgenannte sind Tiere, die vorwiegend auf spezielles erwünschtes Verhalten selektiert wurden.

Bei den Jagdhunden heißt das, dass Hunde für die Zucht eingesetzt wurden, die besonders ausdauernd, erfolgreich sind oder/und einen sehr guten olfaktorischen Sinn besitzen, also große Schnüffler sind. Je nach Hunderasse kann es auch bedeuten, dass besonders eigenständige oder nicht ablenkbare Hunde bevorzugt worden sind. All dies kann sich in Ihrem Welpen wieder finden und Ihnen Probleme bereiten, wenn Sie den Hund nicht in dieser Weise weiterführen möchten.

Schauen Sie sich die Züchter genau an. Ideal ist es, wenn Ihr Welpe seine ersten Lebenswochen mit vielen anderen Tieren verbringt. Darin besteht eine nicht zu unterschätzende Chance, dass Ihr Hund die Tiere nicht als Jagdbeute erlebt und sie deshalb auch später nicht jagen wird.

Ein Haus mit Schafen, Hühnern, Kaninchen etc. ist dafür bestens geeignet. Zu weiteren Kriterien, die einen guten Züchter ausmachen, schauen Sie bitte in den Büchern im Literaturverzeichnis nach.

Umgebung

Leben Sie in der Großstadt oder direkt neben dem Wald? Je höher das Risiko ist, Wildtieren zu begegnen, desto eher wird Ihr Hund dem Spaß des Jagens frönen und desto mehr müssen Sie dagegen arbeiten.

Letztendlich haben alle Hunde die genetische Veranlagung zu jagen. Durch Zucht und Selektion ist es bei einigen Linien vermindert und bei anderen auf bestimmte Bereiche spezialisiert worden. Aber je mehr Auslösereizen der Welpe ausgesetzt ist, durch vorbeilaufende Rehe oder aufspringende Hasen, desto eher wird er zum Jäger, egal, was die Rassebeschreibungen behaupten. Denken Sie auch daran, dass Wildtiere heutzutage immer enger an die Großstädte herankommen. Gerade in der kälteren Jahreszeit sieht man schon mal Füchse und vor allem Kaninchen auf Parkplätzen herumlaufen. Größere Parkanlagen in der Nähe sind für Wildtiere noch attraktiver.

Beschäftigung und Lernen

Welpen sind kleine Staubsauger. Alles, was sie an Wissen bekommen können, saugen sie ein und speichern es zur späteren Nutzung. Gerade im ersten Lebensjahr wird das Wesen des Hundes im Rahmen seiner genetischen Möglichkeiten geformt. Die Basis wird in den ersten Wochen beim Züchter gelegt, aber im ersten Jahr lernt der Hund vor allem seine gesamte Umwelt kennen und die Möglichkeiten, mit ihr zu agieren.

Daher ist es wichtig, sich um einen Welpen aus einer sehr guten Zucht zu bemühen und Jagderfahrungen in den ersten zwei Jahren zu vermeiden.

Gewöhnlich werden diese im zweiten Lebenshalbjahr gemacht, wenn der Besitzer schon meint, dass sein Hund gut gehorcht, der Hund aber gerade erst beginnt zu begreifen, dass da noch mehr ist, als Frauchen, Herrchen und Zuhause.

Mit fünf bis sechs Monaten beginnen die Hunde sich für die weitere Umgebung zu interessieren und erkunden alles, was außerhalb des direkten Einflussbereiches liegt. Diese Phase nennt man auch Pubertät, da - bei dem einen früher, bei dem anderen später - nun die hormonelle Umstellung im Körper des Tieres beginnt und sich damit auch die Interessen verlagern.

Wenn die Besitzer nicht flexibel genug darauf reagieren, schleichen sich gerade in dieser Phase sehr viele Probleme, wie eben auch das Jagen, ein. Das passiert gewöhnlich ganz plötzlich, wenn ein Hase aus dem Dickicht auftaucht und der Hund instinktiv hinterher rennt. Da Jagen ein stark selbstbelohnendes Verhalten ist, kann ein Hetzerlebnis ausreichen, um im Hund ein suchtähnliches Gefühl zu erzeugen. Der Jäger ist „geboren".

Bieten Sie Ihrem Hund ausreichend Möglichkeiten, andere Dinge zu erlernen, und lassen Sie ihn lieber ein paar Wochen lang öfter an der Schleppleine, wenn er in der Pubertät ist. Noch besser ist, wenn Sie die Situation gezielt auslösen, um vorbereitet auf das erste Jagderlebnis reagieren zu können.

In vielen Fällen erlebt der Hund seine erste Jagd nicht allein, sondern lässt sich von Hunden „mitnehmen", die schon Jagderfahrung haben.

Vermeiden Sie es, zusammen mit Hundebesitzern spazieren zu gehen, deren Hunde häufig jagen gehen. Wenn ein Hund losstürmt, werden die anderen mitlaufen und lernen so den Spaß an der Jagd kennen, selbst wenn sie von allein keine Jagdambitionen gezeigt haben.

Vorbeugendes Training

Im Rahmen seiner Sozialisierung sollte Ihr Welpe möglichst viel Kontakt zu späteren potentiellen Beutetieren haben. Das sind Hunde kleiner Rassen genauso wie Katzen, Meerschweinchen, Kaninchen, Hasen, Rehe und andere Tiere, die gehetzt werden können.

Ermöglichen Sie ihm im ersten Jahr möglichst regelmäßige Begegnungen mit diesen Tieren, solange der Welpe noch gar nicht daran denkt, dass man damit Fangenspielen könnte. Am günstigsten wäre es, wenn schon neben dem Welpenlager beim Züchter ein offener Stall mit Tieren ist, so dass diese für den Welpen ganz selbstverständlich zu seiner Umwelt dazugehören. Da das aber in den wenigsten Fällen so ist, können Sie Tierparks, Wildgehege und die Kleintiere von Freunden besuchen, um ein Kennenlernen zu ermöglichen.

Das Kennenlernen und Gewöhnen sollte in möglichst ruhiger und stressfreier Stimmung für beide Tierarten stattfinden. Beide Tiere werden bei der ersten Begegnung festgehalten und ruhig gestreichelt und gefüttert. Strubbeln Sie die Tiere nicht durch, sondern streichen Sie langsam von vorn bis hinten und reden Sie mit dunkler, leiser Stimme mit Ihnen. Das wirkt beruhigend und kann die Situation günstig gestalten.

Am besten wählt man für diese Treffen eine Zeit, in der der Welpe sowieso ruhig und entspannt ist.

Je nachdem, wie aufgeregt Ihr junger Hund ist, darf er auch mal am Meerschweinchen schnuppern, oder beide Tiere werden nebeneinander auf dem Boden gefüttert.

Nach und nach sollte das artfremde Tier in den Hintergrund treten, während Sie beginnen, sich mit Ihrem Hund anderweitig zu beschäftigen. Gestalten Sie die Treffen aktiv und nicht passiv durch bloßes Zusehen. Da ein Welpe gewöhnlich mit allem spielen will, ist die Gefahr zu groß, dass er hier erste Jagderfahrungen macht.

Es geht vor allem um Kontakte *nebeneinander*, nicht *miteinander*, damit Missverständnisse auf beiden Seiten von vornherein vermieden werden. Ziel dieser Treffen sollte für den jungen Hund die Erkenntnis sein, dass es auch andere Tiere gibt, aber dass es viel lohnender ist, mit Herrchen oder Frauchen zu spielen. Ein Kaninchen kann dadurch zum Signal für Futter oder Spiel beim Besitzer werden.

Auch die Besuche im Tierpark, z.B. bei Rehen sollen an den Geruch und die schnellen Bewegungen dieser Tiere gewöhnen, während der Hund sich mit dem Besitzer beschäftigt.

Keine Erfolge

Bei Hunden, die zu den Risikogruppen zählen, ist es empfehlenswert, sie in wildreichen Gegenden das erste Jahr nur an langer Leine zu führen, um falsche Lernerfahrung zu vermeiden. Die ersten Erfahrungen mit dem Jagen werden meist in der zweiten Hälfte des ersten Lebensjahres gemacht, aber natürlich gibt es keine feste Zeitangabe, und gegen Zufälle ist man nie gefeit.

Eine Leine kann verhindern, dass der Hund diesen Sucht auslösenden Kick bekommt, wenn plötzlich ein Reh aus dem Gebüsch springt. Aber auch mit dem Hund an der Leine sollten Sie einen Plan haben, wie Sie im Ernstfall reagieren. Am günstigsten ist es, wenn Sie Ihren Welpen möglichst im gleichen Moment ansprechen und mit Futter oder Spielzeug weglocken können. Dann beschäftigen Sie sich solange intensiv mit ihm, bis er das Tier sichtbar vergessen hat. Dafür eignen sich Zerrspiele genauso wie Futtersuchspiele oder Über-den-Rücken-kugel-Streicheleinheiten. Ist Ihr Hund sehr aufgeregt, kann er durch Bewegungsspiele seine Erregung abbauen. Fand er das Ganze noch nicht so spannend, belassen Sie es bei ruhigen Suchspielen, um keine Verknüpfung von Wildtieren mit Erregung zu riskieren. Gerade beim ersten Kontakt ist der Hund eher erschrocken als jagdlustig. Da er hier noch ansprechbar ist, können Sie ihn gut ablenken und so die Ansprechbarkeit auch für folgende Treffen erhalten bzw. trainieren.

Da Hunde im ersten Lebensjahr alles ausprobieren, sollte man bestimmte Dinge bewusst versuchen zu vermeiden, indem man beispielsweise die Hausschuhe einfach wegräumt, statt sie als potentielles Spielzeug liegen zu lassen. Ist der Hund etwas älter, kommt er oft nicht mehr auf diese „dummen Welpenideen“. Das gilt in gewissem Maße auch für das Jagen. Hat er das erste Jahr keinerlei Erfahrungen mit dem Hetzen gemacht, ist die Chance größer, dass er auch später kein Interesse mehr daran finden wird. Garantien gibt es dafür jedoch nicht.

Um nicht unvorbereitet in eine Jagdsituation zu kommen, kann man auch im Alter des Hundes von ca. sechs Monaten Situationen künstlich stellen. Lassen Sie eine Hilfsperson ein hoppelndes Objekt plötzlich quer über den Spaziergehweg ziehen und trainieren Sie das Abrufen mit Ihrem Junghund.

Strafe

Das Bestrafen von Jagdverhalten wurde hier schon diskutiert. Bei Anwendung von Strafe muss auf bestimmte Voraussetzungen geachtet werden (Seite 37).

Bei einem Hund, der das allererste Mal den Ansatz zeigt, das Kaninchen zu verfolgen oder sich auf das Huhn zu stürzen, ist die Chance groß, durch eine drastische, möglichst anonyme Strafe einen zweiten Versuch lebenslang zu verhindern.

Das liegt vor allem daran, dass der junge Hund noch kein Jagdverhalten ausbauen und verfeinern konnte. Hat der Hund erstmal erlernt, was es heisst, wenn ein Kaninchen wegrennt, hat er schon mehrmals den Spaß des Hetzens erlebt und eine Strafe bringt wohl keinen nennenswerten Erfolg mehr.

Beim ersten Versuch handelt es sich in der Regel nicht um ein ausgeprägtes Jagdverhalten, sondern um eine plötzliche Reaktion der Neugier, Spielabsicht oder um ein einfaches Ausprobiere. Deshalb kann eine Strafe hier noch wirken, wo sie bei einem erfolgreichen jagenden Hund keine Chance mehr hat.

Beobachten Sie Ihren jungen Hund besonders gut und seien Sie vorbereitet. Die Strafe muss in dem Moment erfolgen, in dem der Hund gerade auf das Meerschweinchen zuspringt oder dem gackernden Huhn hinterher flitzt. Nur dann kann er sie mit seinem Verhalten verknüpfen und daraus das Richtige lernen. Die Strafe sollte möglichst anonym geschehen. Das heisst, dass der Hund sie möglichst nicht mit Ihnen in Verbindung bringt. Am besten wäre natürlich, wenn das verfolgte Kaninchen seine Schneidezähne kurz in die Hundenase versenkt. So wäre eine direkte Verknüpfung mit dem gejagten Tier möglich. Da das meist nicht der Fall ist und Hunde gegen Katzenkrallen manchmal erstaunlich immun sind, sollten Sie etwas anderes vorbereiten, was der Hund nicht mit Ihnen verknüpfen kann. Es besteht sonst die Gefahr, dass er gelernt hat, Jagen lohnt sich nur, wenn SIE nicht dabei sind.

Eine Strafe muss beim ersten Mal angewendet werden, damit der Hund gar nicht erst zu unterscheiden beginnt, warum sein Verhalten bei dem einen Mal zum Erfolg geführt hat und beim nächsten Mal nicht. Und eine Strafe muss so stark sein, dass der Hund sein Verhalten sofort abbricht und für die Zukunft gelernt hat. Wie stark sie genau ist, hängt wiederum vom Wesen Ihres Hundes ab und sollte diesem angepasst sein, um nicht zu riskieren, dass der Hund einen Schock oder ähnliches erleidet.

Bedenken Sie aber, dass solche Situationen oft sehr unvermutet und leider selten so passend auftreten, dass man alle beschriebenen Voraussetzungen erfüllen kann. Damit steigt das Risiko der Nebenwirkungen.

Zum Beispiel könnte der Hund sich merken, wann sich jagen lohnt und wann nicht. Oder er könnte Angst vor Ihnen bekommen. Außerdem ist es häufig so, dass selbst bei passenden Umständen der Hund das Nicht-Jagen-Dürfen maximal auf diese Situation - bei Ihnen zu Hause, genau dieses Kaninchen, um diese Tageszeit - bezieht und an anderen Orten doch wieder andere Tiere verfolgt.

Sicher kennen Sie auch Hunde, dic mit Katzen friedlich zusammenleben, draußen aber fremde Katzen jagen. Verlassen Sie sich also keinesfalls auf diese sehr unsichere Möglichkeit der Jagdprävention, sondern sehen Sie diese als Einsatz im passenden Fall.

Umleiten

Wenn das Risiko sehr groß ist, dass die Jagdleidenschaft bei dem Hund durchbrechen wird, kann man schon im Welpenalter eine Ersatzhandlung antrainieren, die dem Jagen ähnlich ist. Dadurch besteht die Chance, dass der ´Durst nach Jagd´ etwas abgemildert bzw. umgelenkt wird auf ein Verhalten, das sich gut in den Alltag integrieren lässt.

Ein Beispiel ist das Ballspielen. Besitzer mit Hunden, die auf Bälle fixiert sind, haben mit dem Antijagdtraining oftmals bessere Karten, als solche, deren Hunde nicht so gern spielen. Das Hinterherrennen imitiert bis zu einem gewissen Maße die Jagd und baut dabei auch diese Erregung ab. Die Gleichartigkeit der Bewegung löst ähnliche Reaktionen aus, wie ein flüchtendes Tier.

Wichtig ist jedoch, dass diese Ballspiele klaren Regeln unterliegen und nicht außer Kontrolle geraten. Ein Hund, der jeden Tag fünfzig Mal den Ball geworfen bekommt und bellend und kreischend danach verlangt, ist so übererregt, dass er auch auf andere auslösende Reize, wie ein wegspringendes Reh oder ein kreischendes Kind, reagieren könnte. Sie würden also das Gegenteil von dem erreichen, was sie zu vermeiden suchen.

Kontrolliertes Ballspiel bedeutet beispielsweise, dass der Ball erst geholt werden darf, wenn er nicht mehr fliegt. Man sollte gleichzeitig trainieren, den Hund vom wegfliegenden Ball abzurufen. Welche Richtlinien für Sie und Ihren Hund gelten, ist egal, aber sie müssen eingehalten werden. Ballspielen darf nicht als alleinige Beschäftigung des Hundes dienen. Suchen Sie einen gesunden Mittelweg aus Training, Knuddeln, Bewegung und geistiger Auslastung.

Den Ball können Sie von Anfang an zu etwas Besonderem machen, indem Sie ihn nur in speziellen Situationen hervorholen. Anfangs spielen Sie selbst mit dem Ball, ohne Ihren Hund zu beachten. Wenn er neugierig schauen kommt, darf er mal daran schnuppern und auch mal kurz dem rollenden Ball hinterherlaufen. Dann wird dieser wieder weggelegt, und zwar außer Hundereichweite.

Je intensiver Sie sich mit dem Ball beschäftigen, desto interessanter wird er für den Hund. Spielen Sie anfangs nur so kurz mit Hund und Ball, dass der Hund nicht selbst das Interesse verliert, sondern eher immer enttäuscht ist, wenn das Spiel zu Ende ist. Loben Sie ihn und animieren Sie ihn mit der Stimme. Bringen Sie Ihrem Hund das Apportieren bei, indem Sie ihn mit der Stimme oder dem Klicker dafür belohnen, wenn er mit dem Ball in der Schnauze auf dem Rückweg zu Ihnen ist.

Eine genauere Anleitung zum Übungsaufbau finden Sie in den Literaturhinweisen im Anhang.

Rückruf und Grundgehorsam

Eine selbstverständliche Vorbeugemaßnahme gegen das Jagen und auch viele andere Unarten ist, dass der Hund sich aus möglichst vielen und schwierigen Situationen abrufen lässt und die Aufmerksamkeit immer wieder seinem Besitzer zuwendet. Wie diese Dinge trainiert werden, ist beschrieben worden.

Dazu gehört natürlich ein grundlegendes Vertrauensverhältnis zwischen Mensch und Tier, was die Basis einer guten Beziehung ausmacht. Eine freundschaftliche Beziehung erwächst aus dem gegenseitigen Verstehen und Akzeptieren des anderen.

Leben Sie nicht nach den traditionellen Dominanzmodellen, in denen der Hund als Befehlsempfänger zu reagieren hat, sondern integrieren Sie - auf neusten wissenschaftlichen Erkenntnissen aufbauend - Ihren vierbeinigen Hausgenossen mittels positiver Bestärkung in Ihre Familie. Sehr gute Informationen finden Sie dazu in den Literaturhinweisen.

Fangen Sie schon früh an, mit Ihrem Welpen zu arbeiten. Besuchen Sie Welpenspielgruppen, bringen Sie ihm positiv Dinge bei, die er im Alltag können muss und Dinge, die Ihnen beiden nur Spaß machen. Welpen können schon im Alter von zehn Wochen auf Signal die Hand berühren, um einen Baum herumlaufen und Blickkontakt anbieten.

Auch die Impulskontrolle gehört gerade für Welpen zum Basistraining. Sie äußert sich vor allem im vernünftigen Laufen an der Leine, Nichthochspringen und auch im Warten an lockerer Leine, an der offenen Tür etc.

"Wenn man einen Hund so dressiert hat, dass er über einen See fliegen kann, dann gibt es garantiert Neider, die sagen, dass Tier sei wasserscheu!"

(Autor unbekannt)

VIII Ausblick

Wie Sie gelesen haben, gibt es unzählige Möglichkeiten, am Jagdproblem Ihres Hundes zu arbeiten. Leider kann Ihnen niemand garantieren, dass eine davon oder alle zusammen helfen werden.

Ein erfolgreiches AJT bedarf über einen längeren Zeitraum der Konsequenz, der Geduld, des Engagements und des Durchhaltevermögens. Diese Zeit wird geprägt sein von einem Wechsel zwischen Hochs und Tiefs. Die Hochs werden immer länger andauern. Wenn Sie Erfolg mit Ihrem Antijagdtraining haben, werden viele Hundebesitzer Sie beneiden. Dann werden Sie feststellen, dass Sie nicht nur im häuslichen Rahmen einen Traumhund Ihr Eigen nennen können, sondern auch auf Ihren Spaziergängen durch Ihren angenehmen Begleiter auffallen werden.

Die Mühe lohnt sich allemal!!! Selbst wenn Sie nicht alles Gewünschte erreichen konnten, werden Sie sich über manches gute Ergebnis freuen. Geben Sie nicht auf, lernen Sie von Ihrem Hund und lassen Sie sich nicht von Ihren Problemen klein kriegen. Es ist oftmals ein Trost zu wissen, dass es sehr viele Menschen mit demselben Problem gibt. Tauschen Sie sich aus! Unzählige Foren und Mailinglisten bieten halbanonymen Raum, sich auszuweinen, Gleichgesinnte zu treffen und weitere Möglichkeiten kennen zu lernen.

Bei einigen Hunden wird es zeitlebens nötig sein, ihn in bestimmten Gebieten an der Leine zu halten, um Risiken auszuschließen. Doch sehr viele Hunde können bereits durch einen Teil der Übungen ein leinenloses Leben genießen. Ein Haustier, ein Hund ist ein Wesen, das mit uns lebt. Er ist nicht in allem vorausschaubar. Auch wenn es vielleicht Hürden zu überwinden gilt, so wird dies doch aufgewogen von der eigenen Individualität des Tieres und der Liebe, die es uns entgegenbringt. Reduzieren Sie es also nicht auf seine Probleme, sondern LEBEN Sie mit ihm und genießen Sie Ihrer beider Leben!
In diesem Sinne wünschen wir Ihnen ein bereicherndes und erfolgreiches Training!

Pia Gröning und Ariane Ullrich

IX Trainingsplan

Wie schon im Überblick (Seite 51) beschrieben, ist es nicht möglich, einen Trainingsplan zu erarbeiten, der allen Lesern gerecht werden kann. Dafür sind die einzelnen Hund-Mensch-Teams zu verschieden. Hunde und Menschen lernen unterschiedlich schnell und haben mit verschiedenen Voraussetzungen zu kämpfen. Deshalb wird es hier nur einen allgemeinen Trainingsplan ohne Zeitangaben geben. Sie werden sehen, wie lange sie persönlich für die einzelnen Dinge brauchen.

Allerdings sollte bei einer Übung nach wenigstens einer Woche kontinuierlichem Training eine Verbesserung zu erwarten sein. Ist das nicht der Fall, dann lassen Sie sich noch mal über die Schulter schauen, wo der Fehler liegen könnte.

Da es wichtig ist, zu sehen, ob und wie sich Erfolge einstellen, sollten Sie ein Übungstagebuch führen. Ein Beispiel dafür ist im Anhang eingefügt. Wenn Sie es schaffen, regelmäßig aufzuschreiben, was Sie wann erreicht haben, dann können Sie sich selbst durch Nachlesen des Erreichten motivieren, wenn Sie mal am Erfolg oder der Durchführbarkeit zweifeln. Genauso wie ein Fotoalbum, kann ein Trainingstagebuch auch nach Jahren zeigen, wie es vorher war und den Vergleich zum aktuellen Zustand herstellen.

A Der Trainingsplan geht davon aus, dass Sie bei Null beginnen. Ab heute hat Ihr Hund bei jedem Spaziergang die Schleppleine am Geschirr. Zu Anfang halten Sie das Ende der Leine fest. Die weitere Vorgehensweise mit dieser Leine wie in Kapitel II beschrieben, ergibt sich aus dem Erfolg der weiteren Übungen.

Pro Spaziergang üben Sie nun wenigstens zehn Mal über den Spaziergang verteilt, die im Kapitel „Schleppleinentraining" beschriebenen Übungen.

B Beginnen Sie mit dem Training der Orientierungsübungen, wie in Kapitel III, 1 beschrieben. Sie sollen dazu führen, dass der Hund verstärkt auf Sie achtet und Sie als Sozialpartner wahrnimmt. Die Orientierungsübungen werden Sie solange beibehalten, bis der Hund auf allen Spaziergängen deutlich sichtbar auf Ihre Gegenwart achtet. Ab dann werden die Übungen nur noch bei Bedarf aufgefrischt.

Pro Spaziergang werden nun fünf Mal über den Spaziergang verteilt, die Schleppleinenübungen trainiert und wenigstens fünf Orientierungsübungen durchgeführt.

C Sind die ersten Fortschritte bezüglich der Orientierung zu sehen, beginnen Sie mit Ihrem Hund an der Impulskontrolle zu arbeiten. Das schnelle Abregen bzw. Warten können sind Dinge, die ein ganzes Hundeleben lang praktiziert werden sollten. Anfangs ist absolute Konsequenz nötig; später können diese Regeln auch ab und zu gelockert werden. Üben Sie pro Tag auf jedem Spaziergang und in jeder zufällig auftretenden Situation die Impulskontrolle.

Pro Spaziergang werden nun fünf Mal über den Spaziergang verteilt, die Schleppleinenübungen trainiert und wenigstens fünf Orientierungsübungen durchgeführt. Dazu kommen drei Übungen aus dem Bereich der Impulskontrolle.

Wenn Sie mit dem Übungsaufbau der Impulskontrollübungen zu Recht kommen, bauen Sie das Signal „Komm!“ neu auf, bis es unter geringerer Ablenkung sehr gut funktioniert.

Pro Spaziergang üben Sie bei Bedarf die Schleppleinenübungen und führen wenigstens fünf Orientierungsübungen durch. Üben Sie die Impulskontrolle zuhause und in jeder Situation, die sich dafür anbietet. Trainieren Sie das „Komm!“ in jeder möglichen und sicheren Situation.

D Fügen Sie nun den Superschlachtruf hinzu.

Pro Spaziergang üben Sie bei Bedarf die Schleppleinenübungen und führen bei Bedarf Orientierungsübungen durch. Üben Sie die Impulskontrolle zuhause und in jeder Situation, die sich dafür anbietet. Trainieren Sie das „Komm!“, wann immer möglich. Bauen Sie den Superschlachtruf wie beschrieben auf.

E Als nächstes geht es mit dem Training des Vorstehens, Sitz/Platz in Entfernung oder der Gegenkonditionierung weiter. Welche von diesen Übungen Sie trainieren, kommt auf Ihren Hund und Ihre eigenen Vorlieben an. Probieren Sie aus, womit Sie am ehesten Erfolg haben werden. Natürlich können Sie auch alles einmal ausprobieren.

Pro Spaziergang führen Sie bei Bedarf Schleppleinenübungen und Orientierungsübungen durch. Üben Sie die Impulskontrolle in jeder Situation, die sich dafür anbietet. Trainieren Sie das „Komm!“, wann immer möglich. Frischen Sie den Superschlachtruf unregelmäßig zwei bis dreimal pro Spaziergang auf. Beginnen Sie mit dem Aufbau des Vorstehens/Sitz, Platz in Entfernung bzw. der Gegenkonditionierung. Üben Sie wenigstens fünf bis zehn Minuten pro Spaziergang.

Als letztes erfolgt das Unterbrechungssignal. Bauen Sie das wirklich erst auf, wenn andere Übungen schon gut klappen. Wie schon beschrieben, muss dem Unterbrechungssignal ein Signal folgen, dass dem Hund sagt, was er nun tun soll. Dafür müssen die anderen Dinge abrufbar sein. Wenn Sie meinen, dass es ausreicht, nur ein Unterbrechungssignal zu trainieren, dann werden Sie auf Dauer keine Fortschritte sehen.

Pro Spaziergang führen Sie bei Bedarf Orientierungsübungen durch. Üben Sie die Impulskontrolle in jeder Situation, die sich dafür anbietet. Frischen Sie den Superschlachtruf unregelmäßig auf. Trainieren Sie das „Komm!“, wann immer möglich. Frischen Sie Ihre Wildkontrollübungen pro Spaziergang bei steigender Ablenkung wenigstens vier- bis fünfmal auf. Beginnen Sie nun das Training des Unterbrechungssignals. Üben Sie pro Spaziergang wenigstens fünf Minuten daran.

Nebenbei zur Auflockerung auf jedem Spaziergang und Zuhause bieten Sie Ihrem Hund alternative Beschäftigungsmöglichkeiten, die dem Hund zeigen, dass es dem Jagen gleichwertige Möglichkeiten gibt, Spaß zu haben.

Die folgenden Zeichnungen symbolisieren Ihre Erfolge. Solange der Hund hell gefärbt ist, gehört er zu den „Schleppleinenträgern". Jede Zunahme der dunkleren Fellfärbung weist auf Erfolg im erreichten Trainingsteil hin.

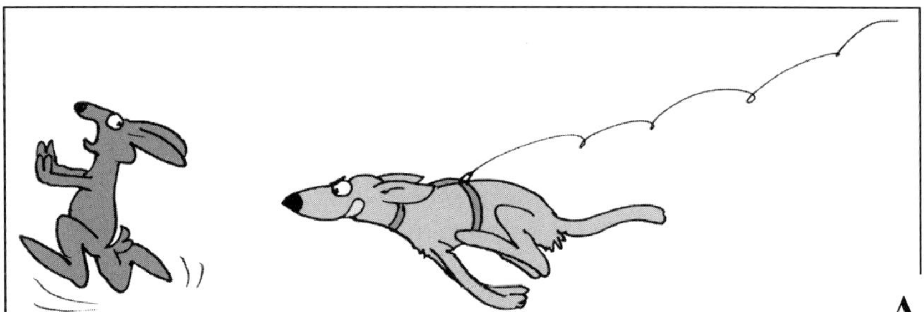

A

Schleppleinentraining

B

Orientierungstraining

C

Impulskontrolle/Kommtraining

Superschlachtruf

Kontrolle am Wild

Ohne Worte

Blickkontakttabelle

Datum	Spaziergehgebiet	Gezählte Rück-Blicke

Generalisierungsskala

Bitte tragen Sie den Ort und die jeweilige Situation ein, in welchen Ihr Hund abgelenkt ist. Beginnen Sie bei dem Ort und der Situation mit der geringsten Ablenkung. Dann folgen der Ort und die Situation mit etwas mehr Ablenkung. Steigern Sie die Liste schrittweise bis zum Ort und der Situation der höchsten Ablenkung. (z.B.: Wohnung ohne Besucher, Garten, keine Passanten, Asphaltparkplatz ohne Menschen und Hunde, Asphaltparkplatz mit Menschen, dann mit Hunden, dann mit Wild, Wiesen alleine, Wiesen mit Hase in 100 m Entfernung, …).

Ort	**Situation**
Wohnung	ohne Katze
Gehweg vorm Haus	ohne Vogel und Menschen
Wohnung	Katze in der Nähe
Gehweg vor Haus	mit Menschen
-"-	mit Hunden
Wiese	ohne Hunde/Vögel
Wiese	mit Menschen
Wiese	mit Vögeln
Jankendorf Garten	
Neustadt	Vögel + Menschen
Friedhof	

Die 12 beliebtesten Belohnungen meines Hundes

Notieren Sie bitte die 12 beliebtesten Belohnungen in der Reihenfolge des Beliebtheitsgrades. Beginnen Sie mit der tollsten Belohnung und enden Sie mit der langweiligsten Belohnung. Beachten Sie auch die Darreichungsform (werfen, rollen, aus der Hand füttern usw.). Überlegen Sie aus Sicht des Hundes! (z.B.: Hetzen, Spur ausarbeiten, Bällchen, geworfenes Leckerchen, Mauselöcher, Hühnerherzen, Futterbeutel, …)

Leckerli zeigen und nach der Übung geben

Kuscheln mit aufgeregter hoher Stimme

Spielzeug werfen

Loben mit freundlicher Stimme

auf Wiese rennen lassen

Streicheln

Spielzeug geben

Trainingstagebuch/Übersicht

Übung	Welches Signal?	Ziel erreicht?

Einzelübung

Name und Aussehen der Übung		
	Beschreibung	Geschafft?
Zwischenziele	1.	
	2.	
	3.	
	4.	
	5.	
	6.	
	7.	
	8	
	9.	
Signal		
An diesen Orten geübt	1.	
	2.	
	3.	
	4.	
	5.	
	6.	
	7.	

XIII Bezugsquellen

Agilitygeräte etc.	www.agilityland.de
Anti-Ruck-Expander	www.huskytec.de www.hunter.de
Bärenglocke	www.relags.de
Brustgeschirre	www.alles-fuer-dog-friends.de www.huskytec.de
Critter	www.cumcura.de
Frische Tierfelle	www.felldummy.de
Künstliche Duftstoffe	www.romneys.de
Food-Tubes/Plastiktuben	www.peak-berlin.de
Klicker, Halti, Leinen etc.	www.pfoetchenshop.de

Sämtliche Artikel erhalten Sie demnächst auch unter www.antijagdtraining.de

XIV zum Weiterlesen

Literatur

Coppinger, Ray + Lorna: Hunde
Bernau, 2004
ISBN: 3936188076
Animal Learn Verlag*

Donaldson, Jean: Hunde sind anders
Stuttgart, 2000
ISBN: 3440082229
Franckh-Kosmos Verlag*

McConnell, Patricia: Das andere Ende der Leine
Mürlenbach/Eifel, 2004
ISBN 393322893X
Kynos Verlag*

Pietralla, Martin: Clickertraining für Hunde
Stuttgart, 2003
ISBN: 3440097447
Franckh-Kosmos Verlag*

Rugaas, Turid: Die Beschwichtigungssignale der Hunde
Bernau, 2001
ISBN: 3936188017
Animal Learn Verlag*

Sondermann, Christina: „Das große Spiele-Buch für Hunde"
Brunsbeck, 2005
ISBN: 3440077764
Cadmos Verlag*

Tellington-Jones, Linda: Tellington-Training für Hunde
Stuttgart, 1999
ISBN: 3440077764
Franckh-Kosmos Verlag*

Theby, Viviane: Schnüffelstunde
Mürlenbach/Eifel, 2003
ISBN: 3933228786
Kynos Verlag*

Theby, Viviane; Hares, Michaela: Wir schnüffeln weiter
Mürlenbach/Eifel, 2004
ISBN: 3933228999
Kynos Verlag*

Theby, Viviane: Das Kosmos Welpenbuch
Mürlenbach/Eifel, 2004
ISBN: 3440097250
Kynos Verlag*

Ullrich, Ariane: MenschHund! ...warum ziehst du nur so an der Leine?!
Zossen, 2005, 2.überarb. Auflage
ISBN: 3981082109
MenschHund! Verlag

* Hiermit weisen wir darauf hin, dass wir weder durch den genannten Verlag noch sonst jemandem dazu verpflichtet sind, Fremdverlage zu nennen und so für die genannten Bücher Werbung zu machen. *Anmkg. MenschHund! Verlag*

Internet:

www.antijagdtraining.de	demnächst alles zum Thema!
www.cairn-energie.de	Buchneuerscheinungen und Rezensionen
www.jagdhundehalter.de	Forum zum Austausch mit Gleichgesinnten
www.spass-mit-hund.de	wie der Name schon sagt...
www.yorkie-rg.de	qualitativ hochwertiges Hundeforum

Danksagungen

Wir möchten uns bei allen bedanken, die es uns ermöglicht haben, dieses Buch zu schreiben. Dazu gehören neben unseren Hunden Eika, Senta, Trix und Piccola auch folgende Menschen:

Jana Tschörtner, Karina und Helmut Handwerker, Dagmar Yildiz, Sabine Friedrich, Alexander Putz, Ursula Slomka, Kai Wiegand, Marco Ladermann, Peter Rück und das Yorkieforum, Prof. Dr. Martin Pietralla, Dr. Franziska Arndt und Prof. Dr. Erwin Arndt.

Der Dank gilt vor allem auch unseren Familien mit Helge Pullwit, Andreas Ullrich, Florian Gröning, unseren Eltern und Kindern.

Und nicht zuletzt danken wir den Kunden unserer Hundeschule und unseren Lesern, die durch Lob und Kritik und als Testpersonen dieses Buch verbessert haben.

Herzlichen Dank euch allen!!

Zu den Autorinnen

Seit Kindesbeinen an steht Pia Gröning im engen Kontakt mit Jagdhundrassen und hält inzwischen eigene Jagdhunde. Besonders der schwierigen Großen Münsterländerin Eika ist es zu verdanken, dass sie schon früh begann, sich genauer mit hundetypischen Verhaltensweisen zu beschäftigen und Gedanken über daraus resultierende Trainingsmethoden zumachen. Bald wurde aus dem Hobby eine Berufung. Die angehende Diplom Pädagogin mit dem Schwerpunkt Erwachsenenbildung gründete die "Pfotenakademie M&G" in Essen. Frau Gröning gilt heute in Deutschland als Expertin auf dem Gebiet des "sanften" Trainings von Jagdhunden und jagenden Hunden in Nicht-Jägerhand. Seit der ersten Auflage des vorliegenden Buches gibt sie mit ihrer Co-Autorin bundesweit Seminare zum Thema "Jagdverhalten/Antijagdtraining". Sie veranstaltet außerdem jedes Jahr zahlreiche Seminare zu wechselnden Themen rund um den Hund und gewährleistet damit ihre stetige Weiterbildung.

Ariane Ullrich ist diplomierte Verhaltensbiologin und betreibt die Verhaltensberatung und Hundeschule MenschHund! in Brandenburg. Angefangen mit ehrenamtlicher Arbeit auf Hundeplätzen und in Tierschutzvereinen bildete sich die dreifache Mutter nach dem Studium selbständig theoretisch und praktisch weiter. Als Mitglied im Berufsverband der Hundeerzieher und Verhaltensberater e.V. übernimmt sie die Pressearbeit und tritt in Zusammenarbeit mit Trainern und Tierärzten auch auf diese Weise ein für eine auf Gegenseitigkeit beruhende erfolgreiche Beziehung zwischen Tier und Mensch.

Weiterführende Informationen

Theorie ist die eine Sache. Sehr häufig ist es aber hilfreich, wenn einem beim Training jemand über die Schulter sieht und ganz persönlich helfen kann. Aus diesem Grund bieten die Autorinnen deutschlandweit **Wochenendseminare** zum Thema Jagen an, sowie wöchentliche Kurse im Rahmen ihrer Hundeschulen

Informieren Sie sich über die Homepages der Autorinnen

Pia Gröning: **www.pfotenakademie.de**
Ariane Ullrich: **www.mensch-hund-lernen.de**

? Fragen, Anregungen und Kritik zum Buch werden gern beantwortet. Schreiben Sie an:

Verlag MenschHund!
Stichwort: Antijagdtraining
An den Wulzen 1
15806 Zossen
e-mail: Antijagdtraining@mensch-hund-lernen.de

? Wie Sie vielleicht selbst schon erfahren mussten, ist es sehr schwer, eine Hundeschule zu finden, die Ihren Anforderungen und Bedürfnissen gerecht wird. Seit 1996 existiert der **Berufsverband der Hundeerzieher/innen und Verhaltensberater/innen e.V. (BHV)**, der sich unter anderem zum Ziel gesetzt hat, seine Mitglieder weiter zu bilden, um kontinuierlich einen Wissensstand zu gewährleisten, der der neuesten Forschung entspricht. Informationen zu Hundeschulen des BHV in Ihrer Nähe finden Sie im Internet unter **www.hundeschule.de**

? Der **Allgemeine Deutsche Hundeclub** (ADHC e.V.) bietet eine Lobby für Hunde und deren Halter, egal ob und welcher Rasse oder welchem Verein der Hund angehört. Er ist Ansprechpartner bei Fragen und Problemen rund um die Hundehaltung. Informationen zum ADHC finden Sie ebenfalls im Internet auf der Seite: **www.ADHC.de**

Weitere Bücher im MenschHund! Verlag:

Ullrich, Ariane
MenschHund! …warum ziehst du nur so an der Leine?!
ISBN: 3-9810821-0-9
2. überarbeitete Auflage. Zossen 2005
8,90 €

Wolf, Elke
Ramses 60kg Glück und Chaos
ISBN: 3-9810821-1-7
12,90 €

"Das letzte Wort über die Wunder des Hundes ist noch nicht geschrieben!"

(Jack London)